P. P. Pujari
J. M. Deshmukh
S. N. Wanole

Necessidades de formação dos produtores de romãs sobre medidas de protecção das plantas

P. P. Pujari
J. M. Deshmukh
S. N. Wanole

Necessidades de formação dos produtores de romãs sobre medidas de protecção das plantas

ScienciaScripts

Imprint
Any brand names and product names mentioned in this book are subject to trademark, brand or patent protection and are trademarks or registered trademarks of their respective holders. The use of brand names, product names, common names, trade names, product descriptions etc. even without a particular marking in this work is in no way to be construed to mean that such names may be regarded as unrestricted in respect of trademark and brand protection legislation and could thus be used by anyone.

Cover image: www.ingimage.com

This book is a translation from the original published under ISBN 978-613-8-26946-5.

Publisher:
Sciencia Scripts
is a trademark of
Dodo Books Indian Ocean Ltd. and OmniScriptum S.R.L Publishing group
Str. Armeneasca 28/1, office 1, Chisinau-2012, Republic of Moldova, Europe
Printed at: see last page
ISBN: 978-620-5-31067-0

RECONHECIMENTO

"Quando tudo parecer estar a ir contra si, lembre-se que o avião descola contra o vento, não com ele".

Penso que é uma questão de olhar para trás e recordar o caminho que se percorre nos dias de trabalho árduo e perseverança. Ainda é óptimo no momento de recordar todos os rostos e espírito na forma de professores, amigos, próximos e queridos.

É com orgulho que tenho o privilégio de expressar o meu sincero endividamento e profundo sentido de gratidão ao Presidente do meu comité consultivo, **Dr. J.M. Deshmukh** Professor Assistente, Departamento de Educação de Extensão, V.N.M.K.V, Parbhani, cujo domínio do assunto, conselhos talentosos e versáteis, orientação escolar, profundo interesse pela investigação, crítica construtiva e discussão inspiradora ao longo do curso de pós-graduação me proporcionaram esta experiência única de planeamento, conclusão e apresentação de investigação.

Os membros do meu comité consultivo **Dr. D.D. Suradkar**, Professor Assistente, Departamento de Educação de Extensão, Faculdade de Agricultura, Latur, **Dr. S.S. Shetgar** Professor Associado, Departamento de Entomologia Agrícola, Faculdade de Agricultura, Latur, podem ser considerados como um farol dos transatlânticos que têm navegado gentilmente no meu navio de perseguição académica e eu gostaria de mencionar a minha gratidão a eles.

Estou também grato ao **Dr. V. B. Kamble,** Professor Associado, Departamento de Educação de Extensão, Faculdade de Agricultura, Latur, pela sua orientação especial, sugestões e motivação durante o meu trabalho de investigação. Sinto-me feliz por expressar os meus agradecimentos especiais ao Professor Assistente do **S.P. Pole**, Departamento de Genética e melhoramento vegetal, Faculdade de Agricultura, Latur, estou grato ao **Dr. B. Venkateswarlu**, Vice-Chanceler de Hon'ble, Vasantrao Naik Marathwada Krishi Vidyapeeth, Parbhani.

Estou muito grato ao **Atrasado. Dr B.M. Thombre Sir** cuja personalidade versátil será sempre fonte de inspiração para mim.

É meu prazer etéreo transmitir a minha sincera reverência aos meus respeitados pais queridos, **Shri. Prakash Ganpatrao pujari e Smt. Bhagirathi Prakash Pujari** que têm sido fonte inesgotável de inspiração ao longo da minha vida. Estou muito grato à **minha irmã Pooja Pujari e à minha avó Dropadi Pujari,** cujo amor e afecto levaram o presente trabalho à frutificação. Sem o apoio moral de **Santosh Gurav** (mamã), **Anusaya Gurav** (aaji), **Gayatri Gurav, Sandeep Pujari** (irmão), **Prashant Ardwad** (bhaiya), **Anuradha Thombre** (mamã),

Dr. Vaijnath Bavalgave(senhor), **R.H. Bhosle**(senhor), **Hiralal Patil**(senhor), **Sachin Gurahde**(bhaiya), **Mahananda Tandle**(mam), **Pandurang Mamdge**(senhor), **Dhananjay Gaikwad**(senhor), **Surwase(senhor), Suhas Panke**(senhor), **Ravi Deshmukh**(senhor) Posso não chegar a esta posição.

Aproveito também esta oportunidade para expressar os meus sinceros agradecimentos aos meus amigos Janani P.., Smita Gambhire, Dhanshree Nigde, Pushpa, Shridevi Swami, Yogesh Eakhande, Shivshankar Wanole, Kalidas Bande, Shriram Surana, Sidram Khobre, Pavankumar, Sandeep Zadke, Pramod Munde, Karan Chavan, Aniruddha Giram, Harshad Patil, Ravi Puri, Sachin Kinge, Vivek Savde, Ganesh Malve, Mahesh Deshmukh, Shreedhar Pawar, Pandhari Surpwar, Shrikant Kumar, Swapnil Telengre, Vinod Barfa, Sangita Aradwad, Supriya Bandgar, Mainoddin Shaikh, Pratik Darode, Dada Gurav, Rameshwar Salgare, Sambhaji Puri, Smruti Chakre, Preeti Sonawane, Swati Jadhav, Priyanka Vyavhare, Raman Mudse, Manoj Zirpe, Sanket Thombre, Ayaz Shaikh, Vinayak Mahadik, Subodh Badurkar pela sua amável cooperação e encorajamento de tempos a tempos. Também expresso igual e inefavelmente a minha gratidão a todos os cientistas e autores citados na literatura citada.

É com orgulho que registo os meus sinceros agradecimentos pela amável cooperação e orientação prestada pelos meus amigos mais antigos Pravin Sarde, Dnyneshwar Sarde, Pooja Devmare, Kalpana Jamadar, Balaji Hipperkar, Yogesh Nagagoje, Samadhan Jadhav, Rameshwar Kapre, Shweta Hake, Chetan Hake no decurso desta investigação. Gostaria também de expressar os meus agradecimentos a todos os meus juniores especialmente Vinayak , Pradeep, Amit, Ajay, Archana, Shrutika, Sushma, Priyanka, Shital, Snehalrao, Vishwajit, Jaipal, Gorkhnath, Dipak, Dnyaneshwar, Sumit.

Os meus agradecimentos especiais a S. B. Haranmare, S.S. Birajdar, S.K. Manurkar, S.V. Dhage, Kapilkumar Dnyate, Kasle Mama e Kaku, Anuradha Wahini, Pralhad e a todos os M.Sc. (Agri.) lote 2014 pelo seu apoio moral e toda a ajuda possível durante o trabalho de investigação.

Enquanto viajava no caminho e na educação, muitas mãos empurraram-me para a frente, corações eruditos iluminados pelo seu conhecimento e experiência, a eles continuo sempre grato.

CONTEÚDO

CAPÍTULO 1

INTRODUÇÃO

Num país agrário como a Índia, a economia nacional nasce das indústrias agrícolas. A empresa agrícola é o modo de vida na Índia. As actuais empresas agrícolas estão a entrar numa era de ciência e tecnologia. Nesta era, a agricultura comercial é uma regra e não uma agricultura tradicional de subsistência. Os agricultores de hoje precisam de conhecimentos inovadores, competências e tecnologia mais moderna do que o seu pai de proa. De facto, ele tem de ser um inovador para ganhar a vida neste mundo competitivo.

A horticultura ocupa um lugar importante na economia agrícola da Índia. A contribuição da horticultura é estimada em cerca de 10 por cento do valor total da agricultura no país. A Índia, com os seus diversos solos e climas que compreendem várias regiões agro-ecológicas, oferece a oportunidade de cultivar uma variedade de culturas hortícolas. Estas culturas constituem uma parte significativa da produção agrícola total do país. São constituídas por frutas, legumes, raízes e tubérculos, flores, plantas ornamentais, plantas medicinais e aromáticas, especiarias, condimentos, culturas de plantação e cogumelos. As culturas hortícolas desempenham um papel único na economia da Índia, melhorando o rendimento da população rural. O cultivo destas culturas é de mão-de-obra intensiva e, como tal, geram muitas oportunidades de emprego para a população rural. A área cultivada com culturas hortícolas na Índia atingiu 2,1 milhões de hectares (21,03 lakh hectare). A produção hortícola da Índia atravessou um máximo histórico de mais de 254,649 milhões de toneladas em 2013-14. A Índia, com mais de 84,411 milhões de toneladas de frutas e 170,248 milhões de toneladas de legumes, é um dos maiores produtores de frutas e legumes do mundo. É o segundo maior produtor mundial de frutas e legumes, depois da China.

De acordo com a Base de Dados Nacional de Horticultura publicada pelo National Horticulture Board, durante 2013-14, a área cultivada de frutas foi de 7,136 milhões de hectares, enquanto os legumes foram cultivados em 9,609 milhões de hectares. A vasta base de produção oferece tremendas oportunidades de exportação para a Índia. Durante 2013-14, a Índia exportou frutas e legumes no valor de Rs. 8760,96 crores, que era constituída por frutas no valor de Rs. 3298,03 crores e legumes no valor de Rs. 5462,93 crores. As mangas, nozes, uvas, romãs representavam uma porção maior de frutas exportadas do país.

A romã é um fruto não-climatérico e uma das culturas hortícolas resistentes à seca, tem provado ser a melhor cultura rentável em condições de terra seca. A romã *(Punica granatum L.)* pertence à família Punicaceae é cultivada em regiões tropicais e sub-tropicais do mundo. A romã é nativa do Irão e é amplamente cultivada nos países mediterrânicos como Espanha, Marrocos, Egipto,

Irão e Afeganistão. É também cultivada em certa medida na Birmânia, China, Japão, E.U.A. (Califórnia) URSS e Índia.

1.1 Cenário de romã no Mundo, Índia e Maharashtra

Em todo o mundo, a romãmã é líder na produção e produtividade de fruta. Em termos de produtividade, a Espanha ocupa o primeiro lugar (18,5 t/ha) seguida pelos EUA (18,3 t/ha), enquanto que o Irão ocupa o primeiro lugar nas exportações (60.000 t/ano) seguido da Índia (35.176 t). Apesar de Espanha ter muito pouca área (2000 ha), a sua quota de exportação é de 37,8% da produção total (37.000 t) seguida por Israel (23,5%) e pelos EUA (15,5%) enquanto que a Índia tem a quota mais baixa. Embora a Índia seja o maior produtor de romã do mundo, a sua produtividade (6,5 t/ha) está muito abaixo da Turquia (27,25 t/ha), Espanha (20,00 t/ha), EUA (16,7 t/ha), Israel (12,5 t/ha) e Irão (10,8 Mt/ha). Durante o ano de 2014-15. A Índia exportou 30.000 Mt de romã para o mercado global em comparação com 86.000 Mt pela Turquia e 60.000 Mt pelo Irão. Por conseguinte, a Índia tem um potencial tremendo para colmatar esta enorme lacuna de rendimento e exportação (relatório anual NRCP, 2014-15).

A área total cultivada de romã na Índia é de 126,27 mil ha e a produção é de cerca de 822,80 mil toneladas. (Relatório anual - 2014-15, NRCP Solapur).

Quadro 1: Cenário de romã na Índia e Maharashtra

	Area (000ha)	Production (000 Mt)	Productivity (Mt/ha)	Rank
India	126.27	822.80	6.51	6th in world
Maharashtra	90	477.0	5.3	1st in India

(Fonte - Relatório anual - 2014-15, NRCP Solapur)

A Índia é um dos países líderes na área da romã e da produção a nível mundial. A área cultivada de romã na Índia cresceu 10,73 por cento durante os últimos sete anos, de 96,9 mil hectares para 126,27 mil hectares. Maharashtra registou um crescimento muito rápido na área cultivada de romã durante os últimos 20 anos de 4,6 mil ha para 90 mil ha e representa 76,40 por cento da área total cultivada de romã no país. A Índia ocupa a sexta posição no mundo no que diz respeito à área e produção de romãs. Outros grandes estados produtores de romãs são Karnataka (15,5 mil ha), Andhra Pradesh (6,4 mil ha) e Gujarat (7,4 mil ha). Nos últimos anos, o cultivo da romã foi também iniciado no Rajasthan, Orissa, Chhattisgarh, Uttarakhand e Madhya Pradesh.

Maharashtra é o principal produtor de romã seguido por Karnataka, Andhra Pradesh, Gujarat e Tamil Nadu. Ganesh, Bhagwa, Ruby, Arakta e Mridula são as diferentes variedades de romãs produzidas em Maharashtra. Em Maharashtra, a romã é cultivada comercialmente nos distritos de

Solapur, Sangli, Nasik, Ahmednagar, Pune, Dhule, e Aurangabad, Satara, Osmanabad e Latur.

A romã *(Punica granatum* L.) vulgarmente conhecida como Anar, Dalim, Matulum é um fruto importante das regiões tropicais e subtropicais da Índia. A grande adaptabilidade, a natureza robusta, o baixo custo de manutenção, o rendimento constante e elevado, o propósito de mesa fina e a melhor qualidade de manutenção e as possibilidades de lançar as plantas em período de repouso quando há escassez de água de irrigação são algumas das qualidades que tornam esta cultura frutífera ideal para regiões semi-áridas e áridas. No entanto, o desempenho da planta será excelente, se for mantida com irrigação protectora. Várias variedades de romãs são cultivadas e distinguem-se pela forma do fruto, cor e espessura da casca, sabor e cor do aril. Na Índia, a romã era anteriormente cultivada em hortas familiares e plantações comerciais surgiram nos últimos anos com a introdução de algumas cultivares melhoradas como Bhagwa, Ganesh, Araktha, Sindhur e Jyoti. Com os recentes desenvolvimentos na horticultura de terras secas, a produção deste fruto aumentou com o aumento da procura no comércio interno e no mercado de exportação. Embora a fruta seja cultivada em toda a Índia, é apenas explorada comercialmente em Maharashtra e Karnataka.
(Conselho Nacional de Horticultura, 2014-15).

1.2 USO MEDICINAL E VALOR NUTRICIONAL DA ROMÃ

As romãs são um dos alimentos mais saudáveis. A romã é rica em antioxidantes, potássio, vita. C e grande fonte de fibras. Podemos ver essas jóias vermelhas resplandecentes no seu interior. Chamam-se arils e são sumo de tarte doce e nutritivo em torno de uma pequena semente branca estaladiça. O sumo de romã é bom para a saúde. A pele exterior da romã tem um grande valor medicinal. Há vários subprodutos que podem ser preparados pela romã.

A romã é um antigo fruto de mesa favorito das regiões tropicais e subtropicais do mundo. A fruta é simbólica de abundância e muito apreciada pelo seu sumo fresco e refrescante e valorizada pelas suas propriedades medicinais. Mantém o seu sabor e, como tal, pode manter-se bem durante mais de um ano se for devidamente filtrada, engarrafada e conservada utilizando benzoato de sódio a 0,1 por cento. Acredita-se que o sumo de romã seja bom para os doentes de lepra. Os grãos da fruta são também consumidos frescos na maioria dos países quentes e são utilizados como condimento. A casca e a casca dos frutos são normalmente utilizadas em disenteria e diarreia. A casca é também utilizada como material de tingimento para tecidos. As sementes secas de romã com polpa estão disponíveis como "Anardana". A árvore produz flores vermelhas atractivas e é também muito comummente cultivada como planta ornamental. A adaptabilidade versátil, o baixo custo de manutenção da natureza robusta, rendimentos estáveis mas elevados, melhor qualidade de conservação, valores de mesa fina e terapêuticos e possibilidades de lançar a planta em período de repouso quando o potencial de irrigação é geralmente baixo, indicam as vias para aumentar a área sob romã na Índia.

A parte comestível do fruto da romã é o crescimento suculento da semente, chamado aril. As partes da fruta são uma boa fonte de açúcares (14-16%), minerais (0,7-1,0%) e uma fonte justa de Ferro (0,3-0,7mg/100g.) e também contém uma quantidade considerável de ácidos, vitaminas, polissacáridos, polifenóis e minerais importantes. As frutas de romã são consumidas frescas ou processadas como sumo, geleias e xarope para a produção industrial. Entre todas as formas, as fatias de conserva e o sumo são muito procurados na Índia, constituindo cerca de 70 por cento da produção. Está provada a sua elevada actividade antioxidante e a sua boa potência na prevenção do cancro.

1.3 DOENÇAS E PRAGAS IMPORTANTES DA ROMÃ

A romã é uma planta frutífera de cultivo largo em toda a Índia. De acordo com as diferentes regiões ecológicas, diferentes condições climáticas, várias doenças, pragas e distúrbios fisiológicos podem ser observados na romã. Doenças, pragas e distúrbios fisiológicos têm efeitos negativos sobre a produção e produtividade da romã. Na fase inicial de qualquer infecção, deve ser necessária uma medida curativa adequada. As importantes pragas, doenças e perturbações fisiológicas da romãmã são as seguintes.

Quadro 2: Pestes principais, doenças e distúrbios fisiológicos da romã

Diseases	Pests	Physiological Disorders
Bacterial blight	Anar butterfly	Fruit cracking
Pomegranate Wilt	Aphids	Internal breakdown of arils
Leaf and fruit spot	Thrips	Sun scald
Fruit rot	Mealy bug	
Phytopthera blight	White fly	
	Fruit sucking insect	
	Stem borer	
	Leaf eating caterpillar	
	Nematodes	

1.4   NECESSIDADES DE FORMAÇÃO DOS CULTIVADORES DE ROMÃS

Como acima mencionado, existem várias doenças, pragas e distúrbios fisiológicos que afectam gravemente a qualidade da romã. Estes aspectos também afectam a produção global. Para responder a estes desafios e problemas, as necessidades de formação dos produtores de romãs são muito importantes. O desenvolvimento de qualquer nação depende principalmente do papel importante desempenhado pelos agricultores. Por conseguinte, o papel desempenhado pelos agricultores é de importância vital num país em desenvolvimento como a Índia. Assim, em todas as actividades de desenvolvimento económico, está a ser dada mais atenção ao desenvolvimento das competências dos agricultores. Um agricultor preocupa-se principalmente com mudanças na fórmula de produção sobre a qual tem pleno controlo. Além disso, acredita-se geralmente que um agricultor é basicamente uma pessoa inteligente e tem uma capacidade definitiva de criar algo novo para provar o seu valor.

As necessidades de formação não são necessariamente fazer coisas novas, mas também fazer coisas de uma forma diferente do que já foi feito. Agora, sente-se cada vez mais que o crescimento económico e o desenvolvimento dos países avançados se deve em grande parte à qualidade agrícola entre a sua comunidade e não ao capital.

1.3 OBJECTIVOS DE ESTUDO

1. Estudar o perfil dos cultivadores de romãs.
2. Avaliar os conhecimentos dos cultivadores de romãs sobre medidas de protecção das plantas.
3. Descobrir as necessidades de formação dos cultivadores de romãs sobre medidas de protecção das plantas.
4. Explorar a relação entre o perfil dos cultivadores de romãs e as necessidades de formação sobre medidas de protecção das plantas.
5. Conhecer as sugestões dos cultivadores de romãs sobre medidas de protecção das plantas.

1.4 ÂMBITO DO ESTUDO

A romã é uma importante cultura frutícola e tem boas perspectivas em Maharashtra. No entanto, a área sob romã está a aumentar de dia para dia. Observa-se geralmente que o potencial de produção total não é explorado pela cultivar até agora. Por conseguinte, considera-se necessário estudar a extensão da adopção de melhores práticas de cultivo da cultura da romã, pelo que as sugestões e recomendações paternas poderiam ser feitas para melhorar a situação existente.

Estes resultados serão úteis para organizar programas de formação para os produtores de romãs sobre diferentes aspectos do cultivo da romã, exportação e adição de valor. A presente investigação pretende estudar o nível de conhecimento e adopção de práticas recomendadas de cultivo de romãs, especialmente recomendadas por VNMKV Parbhani. A descoberta deste estudo será útil aos planificadores e aos executores para a transferência efectiva de práticas melhoradas de cultivo da romã. Com estas premissas, o estudo actualmente intitulado, Necessidade de formação dos plantadores de romãs sobre medidas de protecção das plantas.

1.5 LIMITAÇÕES DO ESTUDO

Devido a limitações de tempo e outros recursos, o estudo foi confinado apenas a três talukas do distrito de Latur. Além disso, a opinião expressa pelos inquiridos em relação às várias questões do estudo pode não estar totalmente isenta de preconceitos e preconceitos pessoais. Por conseguinte, os resultados do estudo não podem ser generalizados para além dos limites da área de estudo.

CAPÍTULO 2

REVISÃO DE LITERATURA

A revisão da literatura é um aspecto essencial que ajuda o investigador a conhecer melhor o assunto e a orientar os seus esforços para o objectivo desejado. Uma revisão abrangente da literatura tem uma importância primordial para qualquer esforço de investigação. O investigador tinha tentado recolher a informação relativa aos estudos realizados sobre as práticas recomendadas de cultivo de romãs. Olhando para os estudos limitados disponíveis sobre as necessidades de formação dos produtores de romãs sobre medidas de protecção das plantas e problemas em adopção, a revisão dos estudos directa e indirectamente relacionados foi apresentada em resumo nos subtítulos seguintes deste capítulo.

2.1   Perfil dos cultivadores de romãs.

2.2   Conhecimento dos cultivadores de romãs sobre medidas de protecção das plantas.

2.3   Necessidades de formação dos produtores de romãs sobre medidas de protecção das plantas.

2.4   Relação entre o perfil dos cultivadores de romãs e as necessidades de formação sobre medidas de protecção das plantas.

2.5   Sugestões dos produtores de romãs sobre medidas de protecção das plantas.

2.1   Características pessoais dos cultivadores de romãs

2.1.1   Experiência agrícola

Bhosale (2004) relatou que 58,13 por cento dos produtores de romãs tinham experiência de 1 a 11 anos, enquanto que 21,25 por cento tinham experiência inferior a 7 anos, enquanto que 20,62 por cento dos inquiridos tinham experiência de 12 e mais anos.

Khaire (2005) observou que a maioria (67,00%) dos produtores de figos tinha uma experiência agrícola média, enquanto 28,00 por cento deles tinham uma experiência agrícola elevada e 5,00 por cento dos inquiridos tinham uma experiência agrícola baixa no cultivo de figos.

Ghodeswar (2006) notou que mais de metade (55,00%) dos plantadores de romãs tinham uma experiência agrícola de 4 a 6 anos e 23,34% tinham uma experiência agrícola de 7 anos ou mais, enquanto 21,66% tinham uma experiência agrícola de até 4 anos no cultivo da romã.

Patel (2006) no estudo sobre a eficiência de gestão dos produtores de Aonla dos distritos de Anand e Kheda do estado de Gujarat, revelou que pouco mais de metade (53,00 %) dos inquiridos tinha um nível médio de experiência

No cultivo aonla, seguido de 25,50 por cento e 21,50 por cento deles estavam com baixo e alto nível de experiência no cultivo aonla, respectivamente.

Nemade (2007) notou que quatro quintos (81,67%) dos produtores de manga tinham uma experiência agrícola de 6 a 7 anos, enquanto que 15,83 por cento dos inquiridos tinham uma experiência agrícola superior a 7 anos e 2,50 por cento tinham uma experiência agrícola até 6 anos.

Gaikwad e Khalache (2010) mostraram que 74,10 por cento dos cultivadores de maçã creme tinham uma experiência agrícola média, 15,56 por cento dos inquiridos tinham uma experiência agrícola baixa e 10,34 por cento dos inquiridos tinham uma experiência agrícola elevada.

Waghmare (2010) relatou que mais de dois terços (63,34%) dos produtores de laranja doce tinham uma experiência agrícola média, enquanto que 22,50% dos inquiridos tinham uma elevada experiência agrícola, enquanto que 14,16% deles se encontravam na categoria de baixa experiência agrícola.

Hipperkar (2015) que três quintos (61,67%) dos produtores de romãs tinham uma experiência agrícola média, enquanto que 23,33% dos inquiridos tinham uma experiência agrícola baixa e apenas 15,00 por cento tinham uma experiência agrícola elevada.

2.1.2 Educação

Ingale (2003) observou que a proporção mais elevada (50,83%) de produtores de ber ber recebeu o ensino secundário seguido pelo ensino primário 16,67% e 10,83% receberam o ensino secundário superior e o diploma, respectivamente.

Khaire (2005) observou que cerca de 34,00 por cento dos cultivadores de figos foram educados apenas entre 8-10 normas. Cerca de 18,00 por cento dos inquiridos foram instruídos até à 4ª std. e 17,00 eram analfabetos. Enquanto 9,00 por cento dos inquiridos foram educados até à 5ª a 7ª std.

Shinde (2005) observou que 20 por cento dos cultivadores de romãs são analfabetos, 39,16 por cento foram educados até à escola primária, 17,50 por cento dos inquiridos foram educados até ao ensino secundário, 10 por cento foram educados até ao ensino secundário e 13,34 por cento deles foram educados até ao nível universitário.

Ankush e Kolgane (2008) notaram que 38,33 por cento dos viticultores tinham educação até ao nível do ensino médio, seguido do ensino secundário 25,00 por cento, do ensino primário 20,00 por cento, e dos analfabetos 11,67 por cento e do nível universitário 5,00 por cento.

Sawale (2011) mostrou que 33,75% dos cultivadores de romãs foram educados até ao nível do ensino primário, 31,25% deles tinham o nível do ensino secundário e 11,25% não tinham alfabetização, respectivamente. Apenas 6,25 por cento deles eram licenciados.

Kachare (2012) indicou que 26,66 por cento dos produtores de laranja doce tinham o nível de educação primária, 23,33 por cento dos produtores foram educados até ao nível secundário superior, 21,66 por cento eram analfabetos e 14,17 por cento dos inquiridos foram educados até ao nível de licenciatura/universidade.

Aundhkar, *et al.* (2013) relataram que a maioria dos (35,08%) produtores de laranja doce com educação até à classe média, 34,14% têm 11th e acima de std. 20 por cento dos cultivadores de laranja têm educação secundária 5,83 por cento analfabetos funcionais enquanto 4,16 por cento têm educação primária.

Hipperkar (2015) relatou que apenas (6,66%) dos cultivadores de romãs tinham estudado até ao nível de pós-graduação, enquanto que 13,33% tinham estudado até ao nível de pós-graduação e 35,0% dos inquiridos tinham estudado até ao nível de ensino secundário superior, enquanto que 24,17% deles tinham educação de nível secundário e 16,67% tinham educação de nível médio. Enquanto que 01,67% dos agricultores tinham concluído o ensino primário e 02,50% dos produtores de romãs eram analfabetos.

2.1.3 Exploração de terras

Katkar (2001) relatou que 52,00 por cento dos produtores de manga tinham uma dimensão média de terra, seguidos de 29,33 por cento com grandes explorações agrícolas e 18,67 por cento com uma pequena dimensão de terra.

Kulhal (2004) observou que 50,00 por cento dos cultivadores de goiabas pertenciam à categoria média de tamanho de exploração, seguidos de 31,67 por cento na categoria pequena e 18,33 por cento na categoria grande e de exploração.

Khaire (2005) relatou que 73,50 por cento dos produtores de figos tinham uma área média de terra, ou seja, entre 1,01 a 4,00 ha. 21,50 por cento dos inquiridos tinham uma grande dimensão de exploração de terra, enquanto apenas 5,00 por cento deles tinham uma dimensão de exploração de terra.

Satale (2005) revelou que 42,00 por cento dos inquiridos possuíam terras semi-médias, 39,00 por cento dos inquiridos possuíam terras médias. A posse de terras grandes e marginais era propriedade de 5,00 por cento e 2,00 por cento dos inquiridos, respectivamente. A dimensão média da posse de terra dos inquiridos era de 4,09 ha.

Nagesh (2006) constatou que a percentagem mais elevada (66,66%) de produtores de berços pertencia à categoria de médios agricultores, enquanto que, 24,17% e 9,17% dos inquiridos se encontravam na categoria de semi-médios e grandes agricultores, respectivamente.

Patel (2006) relatou que quase metade (49,00%) dos produtores de aonla tinham até 2,0 bigha (0 a 0,48 ha) de área sob cultivo de aonla, seguido de 21,50%, um número igual a 13,00% e 3.50 por cento deles com 2,1 a 4,0 bigha (0,49 a 0,96 ha), 4,1 a 6,0 bigha (0,97 a 1,44 ha) e acima de 8,0 bigha (acima de 1,92 ha) e 6,1 a 8,0 bigha (1,45 a 1,92 ha) de área sob cultivo de aonla, respectivamente.

Rajesh (2011) relatou que pouco mais de um terço (35,24%) dos agricultores possuía uma dimensão média de terra, seguido por mais de um quarto 26,67% e 22,85% que possuía uma dimensão marginal e pequena de terra. Restante 15,24% dos agricultores possuíam uma grande dimensão de exploração de terras.

Sawale (2011) observou que uma percentagem mais elevada (51,25%) de cultivadores de romãs foi encontrada na categoria de exploração de terras semi-médias, 32,50% estavam na categoria de exploração de terras pequenas e 13,75% deles na categoria de exploração de terras médias. Apenas 2,50% dos cultivadores de romãs se encontravam na categoria de exploração de terras grandes.

Kachare (2012) observou que mais de metade (52,50%) dos produtores de laranja doce possuíam terras semi-médias, seguidos por 25,00 por cento dos inquiridos possuíam terras médias, seguidos por 15,84 por cento possuíam terras grandes, seguidos por 5,00 por cento dos produtores de laranja doce possuíam terras pequenas e, por último, apenas 1,66 por cento dos produtores de laranja doce possuíam terras marginais.

Hipperkar (2015) observou que 64,17 por cento dos cultivadores de romãs possuíam terras médias e 24,17 por cento dos inquiridos possuíam terras pequenas, seguidos por 11,66 por cento possuíam terras grandes.

2.1.4 Área sob cultivo de romãs

Anónimo (2001) do relatório agresco indicava que uma grande maioria (65,00%) dos plantadores de romãs tinha plantado pomar em até 0,80 ha. A área restante tinha um grande pomar com mais de 0,81 ha.

Um relatório anónimo sobre o fosso tecnológico no cultivo da romã (2002) indicou que cerca de 37,50% e 36,44% dos pomares estavam em 0,40 ha e 0,41 a 1,00 ha, respectivamente, enquanto cerca de um quinto 21,78% dos pomares estavam plantados em áreas entre 1,01 a 2,00 ha apenas 4,28% dos pomares estavam plantados em áreas acima de 2,01 ha.

Raut (2006) realizou um estudo no distrito de Nagpur de Maharashtra e deduziu que a maioria (72,22%) dos produtores de laranja eram pequenos agricultores, seguidos pelos médios agricultores 20,00 por cento e pelos grandes agricultores 7,78 por cento, respectivamente.

Singh e Mankar (2007) informaram que o máximo (70,90%) de produtores de manga Alphanso tinham um meio, ou seja, 1,01 a 4,00 acres sob a plantação de manga Alphanso

Howal et al. (2009) notaram que 45,32% dos inquiridos tinham uma grande área sob cultivo de romã, 39,34% tinham uma área média sob cultivo de romã e 14,84% tinham uma pequena área sob cultivo de romã.

Gaikwad e Khalache (2010) relataram que a área sob cultivo de maçãs custard 88,15% dos inquiridos tinha uma área média, 8,15% dos inquiridos tinha uma área grande e 3,70% dos inquiridos tinha uma área pequena sob produção de maçãs custard.

Jamadar (2015) mostra que 82,50% dos viticultores foram encontrados em pequena área na categoria de cultivo da uva, 12,50% em média área na categoria de cultivo da uva e 5,0% dos viticultores foram encontrados em grande área na categoria de cultivo da uva.

2.1.5 Rendimento anual

Ingale (2003) observou que 69,17% dos produtores de berços tinham um nível médio de rendimento anual que variava entre Rs. 50.001 e Rs. 1.33.000, enquanto 11,66% dos inquiridos tinham um baixo rendimento anual (até Rs 50.000). Apenas 19,17% tinham um rendimento anual elevado (Rs. 1, 33.001 e superior).

Mandavkar *et al.* (2004), no seu estudo sobre a adopção de variedades melhoradas, observaram que 60,00 por cento dos fruticultores tinham um rendimento anual médio e um número idêntico de inquiridos 20,00 por cento tinha um rendimento anual baixo e alto. O rendimento médio anual dos fruticultores era de 80,525/-.

Khaire (2005) observou que 15,50% dos produtores de figos tinham um baixo rendimento anual 64,50% dos produtores tinham um rendimento anual médio e 20,0% tinham um baixo rendimento anual.

Sawale (2011) observou que 72,50% dos cultivadores de romãs tinham um rendimento anual médio seguido de 16,25% e 11,25% tinham um rendimento anual baixo e alto, respectivamente.

Chiranthan (2013) observou que 77,33 por cento dos produtores de citrinos tinham um rendimento anual médio seguido de 13,33 por cento, 21,33 por cento tinham um rendimento anual baixo e alto, respectivamente.

Hipperkar (2015) que 77,50% dos cultivadores de romãs tinham um nível médio de rendimento anual seguido de 13,33% classificados sob um baixo nível de rendimento anual e 09,17% dos inquiridos tinham um elevado nível de rendimento anual.

2.1.6 Participação social

Ingale (2003) observou que 64,17% dos produtores de berços tinham um nível médio de participação social, enquanto que 27,30% dos produtores tinham um baixo nível de participação social. Apenas 8,33 por cento dos inquiridos tinham um elevado nível de participação social.

Shinde (2005) observou que 45,00 por cento dos produtores de romãs provinham de um nível médio de participação social seguido de 43,12 por cento e 11,88 por cento de um nível baixo e alto de participação social, respectivamente.

Howal *et al.* (2009) notaram que 52,35 por cento dos produtores de romãs tinham uma participação social média 26,56 por cento dos inquiridos tinham uma participação social baixa enquanto que 21,09 por cento deles tinham uma participação social elevada.

Gaikwad e Khalache (2010) relataram que 60 por cento dos cultivadores de maçã creme tinham uma baixa participação social .34,82 por cento dos inquiridos tinham uma participação social média, enquanto que 5,8 por cento deles tinham uma participação social elevada.

Kachare (2012) observou que dois quintos (40,83%) dos produtores de laranja doce tinham uma baixa participação social, seguidos de 32,50% dos produtores de laranja doce tinham uma participação social média e 26,67% dos produtores de laranja doce tinham uma participação social elevada.

Hipperkar (2015) observou que 12,50% dos produtores de romãs tinham uma baixa participação social, enquanto que 77,50% dos inquiridos tinham uma participação social média e 10,0% deles se encontravam na categoria alta de participação social.

2.1.7 Contacto de extensão

Bedre (2009) observou que 45,25% dos cultivadores de romãs tinham contacto de extensão média, 20,25% dos inquiridos tinham contacto de extensão alta enquanto 34,50% deles tinham contacto de extensão baixa.

Howal *et al.* (2009) relataram que 63,00 por cento dos cultivadores de romãs tinham contacto de extensão média seguido de 19,14 por cento deles tinham contacto de extensão baixa enquanto 17,86 por cento dos cultivadores de romãs tinham contacto de extensão alta.

Kachare (2012) observou que a maioria (64,16%) dos produtores de laranja doce tinham um contacto de extensão média seguido de 18,33% tinham um contacto de extensão baixa e 17,31% dos produtores de laranja doce tinham um contacto de extensão alta.

Aundhkar et.al. (2013) relataram que o perfil de contacto de extensão do produtor de laranja doce mostrou que 69,16% dos inquiridos tinham contacto de alta extensão 25 por cento tinham contacto de média extensão e 4,90 por cento tinham contacto de baixa extensão.

Jamadar (2015) indica que 48,33 por cento dos viticultores tiveram um nível médio de contacto de extensão e 20,83 por cento deles tiveram um elevado contacto de extensão. Enquanto que 30,84 por cento deles tiveram um baixo contacto de extensão.

2.1.8 Conhecimento

Ingale (2003) observou que 27,23% dos produtores de ber ber tinha um nível de conhecimento baixo, 51,17% dos produtores tinham um nível de conhecimento médio enquanto que 21,60% dos inquiridos tinham um nível de conhecimento elevado.

Moulasab *et al.* (2006) num estudo sobre o nível de conhecimento dos produtores de manga sobre práticas melhoradas de cultivo, revelaram que quase três quartos (72,50%) dos inquiridos tinham uma pontuação média de conhecimento sobre práticas melhoradas de cultivo, enquanto que 14,17% pertenciam a uma pontuação baixa de conhecimento e apenas 13,33% dos inquiridos tinham uma pontuação alta de conhecimento.

Raut (2006) no seu estudo sobre os produtores de laranja do distrito de Nagpur em Maharashtra observou que mais de metade (53,33%) dos produtores de laranja tinham um nível médio de conhecimento, seguido de um nível baixo de 28,89 por cento e alto de 17,78 por cento de conhecimento do cultivo da laranja.

Howal *et al.* (2009) notaram que 25,78% dos cultivadores de romãs tinham um nível de conhecimento baixo, 59,38% dos inquiridos tinham um nível de conhecimento médio e 14,84% deles tinham um nível de conhecimento elevado.

Gaikwad e Khalache (2010) relataram que 23,90 produtores de maçã creme tinham um baixo nível de conhecimento, 56,00 por cento deles tinham um nível médio de conhecimento, enquanto 20,10 por cento dos produtores de maçã creme tinham um elevado nível de conhecimento.

Sawale (2011) observou que 22,20 por cento dos produtores de romãs têm um baixo nível de conhecimento, 60,32 por cento deles tinham um nível de conhecimento médio e 17,48 por cento dos inquiridos tinham um nível de conhecimento elevado.

Aundhkar *et al.* (2013) relataram que 6,66% dos produtores de laranja doce tinham um nível de conhecimento baixo 24,16% dos inquiridos tinham um nível de conhecimento médio enquanto 69,16% deles tinham um nível de conhecimento elevado.

2.1.9 Motivação económica

Patel (2006) declarou que 43,50% dos produtores de aonla tinham um nível médio de motivação económica, seguidos de 33,00% e 23,50% tinham um nível elevado e baixo de motivação económica, respectivamente.

Howal *etal.* (2009) notou que 58,59 por cento dos cultivadores de romãs tinham uma motivação económica média. 25,78 por cento deles tinham uma motivação económica baixa e 15,63 por cento dos inquiridos tinham uma motivação económica alta.

Waghmare (2010) descobriu que 65,83 por cento dos produtores de laranja doce tinham uma motivação económica média enquanto, 23,33 por cento deles tinham uma motivação económica elevada enquanto, apenas 10,84 por cento dos produtores de laranja doce tinham uma motivação económica baixa.

Deshmukh (2013) indicou que uma maioria (60,44%) dos inquiridos tinha uma categoria de motivação económica elevada. Contudo, 26,22 por cento e 13,33 por cento tinham categoria de motivação económica média e baixa, respectivamente.

Hipperkar (2015) mostra que mais de três quartos (77,50%) dos produtores de romãs tinham uma motivação económica média, seguidos de 9,17 e 13,33% pertencentes a categorias de motivação económica baixa e alta, respectivamente.

Jamadar (2015) indica que 50 por cento dos viticultores tinham uma motivação económica média, seguidos por 18,33 por cento dos inquiridos tinham uma motivação económica baixa e 31,67 por cento tinham uma motivação económica elevada.

2.1.10 Orientação para o risco

Khandare (2003) observou que a maioria (80,00%) dos viticultores tinha um grau médio de orientação para o risco, enquanto 13,75% tinham apenas um grau elevado de orientação para o risco, 6,25% tinham um grau baixo de orientação para o risco.

Patel (2006) notou que 45,50% dos cultivadores de aonla tinham orientação de risco médio, seguidos de 31,50% e 23,0% deles com um nível de orientação de risco elevado e baixo, respectivamente.

Ankush e Kolgane (2008) descobriram que apenas (3,33%) do viticultor tinha uma orientação de baixo risco seguida de 81,67% e 75% deles foram observados da categoria de risco médio e alto.

Bedre (2009) observou que a maioria dos (55,00%) cultivadores de romãs tinham uma orientação de risco médio e 25,84% dos inquiridos tinham uma orientação de risco elevado seguido de 19,16% tinham uma orientação de risco baixo.

Howal *et al.* (2009) relataram que 54,69 por cento dos plantadores de romãs tinham uma orientação de risco médio 27,34 por cento dos plantadores de romãs tinham uma preferência de baixo risco enquanto 17,97 por cento tinham uma preferência de alto risco.

Aundhkar *et al.* (2013) relataram que o perfil de preferência de risco do produtor de laranja doce mostrou que 65,83 por cento dos inquiridos tinham preferência de risco médio 28,33 por cento tinham preferência de risco elevado enquanto que 5,84 por cento dos inquiridos tinham orientação de risco baixa.

Jamadar (2015) revelou que 56,67% dos viticultores tinham uma orientação de risco médio, seguidos por 25,00% dos inquiridos tinham uma orientação de risco baixo e 18,33% tinham uma orientação de risco elevado.

2.1.11 Orientação para o mercado

Nemade (2007) notou que a maioria (60,00%) dos produtores de romãs tinha uma orientação de mercado média 17,50% dos inquiridos tinham uma orientação de mercado elevada enquanto 22,50% tinham uma orientação de mercado baixa.

Bedre (2009) notou que a maioria (60,00%) dos produtores de romãs tinha um nível médio de orientação de mercado seguido por 25,85% dos inquiridos tinham um baixo nível de orientação de mercado e os restantes 14,17% dos produtores de romãs tinham um elevado nível de orientação de mercado.

Sasane (2010) descobriu que a maioria (72,50%) dos produtores de romãs, tinha um nível médio de orientação de mercado seguido por 15,00 por cento dos mesmos tinham um baixo nível de orientação de mercado e os restantes 12,50 por cento dos produtores de romãs tinham um elevado nível de orientação de mercado.

Sawale (2011) manifestou que a maioria (68,75%) dos produtores de romãs tinha uma orientação de mercado média, seguida de 22,50% e 8,75% dos produtores de romãs tinham uma orientação de mercado baixa e alta, respectivamente.

Hipperkar (2015) que mais de metade (70,00%) dos inquiridos tinham um nível médio de orientação de mercado, enquanto 15,83 por cento dos inquiridos tinham uma orientação de mercado baixa e 14,67 por cento dos inquiridos tinham uma orientação de mercado baixa.

2.2 Conhecimento dos cultivadores de romãs sobre medidas de protecção das plantas

Ahire e Shinde (2002) observaram que 53,33 por cento dos cultivadores de romãs eram de alto nível de conhecimento seguido de 40,00 por cento e 6,67 por cento eram de nível de conhecimento médio e baixo, respectivamente.

Deshpande e Deshpande (2002) revelaram que 52,50% dos produtores de romãs eram de nível de conhecimento médio seguidos de 40,00 por cento e 7,50 por cento da categoria de nível de conhecimento alto e baixo, respectivamente.

Kharade (2003) observou que 49,37 por cento dos viticultores tinham um nível médio de conhecimento, enquanto que os viticultores quase iguais, ou seja, 25,63 por cento deles tinham um nível de conhecimento alto e baixo, respectivamente.

Bhosle (2004) notou que cerca de um terço (71,25%) dos plantadores de romãs tinham um nível médio de conhecimento, enquanto 17,25% e 11,50% dos plantadores de romãs tinham um nível baixo e alto de conhecimento.

2.3 Necessidades de formação dos produtores de romãs sobre medidas de protecção das plantas

Chiranthan (2013) revelou que 71,67 por cento dos produtores de laranja doce pertenciam à categoria média, enquanto 15,00 por cento deles pertenciam à categoria média e, por último, 13,33 por cento pertenciam à categoria baixa das necessidades de formação em actividades agrícolas.

Jamadar (2012) notou que 36,67% dos produtores de laranja doce pertenciam à categoria média, enquanto que 32,50% deles pertenciam à categoria média e, por último, 30,83% pertenciam à categoria baixa das necessidades de formação em tecnologia de produção de cana-de-açúcar.

Jamadar (2015) observou que 20,83 por cento dos viticultores pertenciam à categoria baixa, 51,67 pertenciam à categoria média, enquanto 27,50 por cento dos viticultores pertenciam à categoria alta das necessidades de formação na produção de uvas.

2.4 Relação entre o perfil dos cultivadores de romãs e as suas necessidades de formação sobre as medidas de protecção das plantas recomendadas

2.4.1 Experiência agrícola e necessidades de formação

Bhosale (2004) observou que a experiência na prática do cultivo da romã era positiva e altamente significativa com as necessidades de formação.

Nemade (2007) observou que a experiência na prática do cultivo da manga foi positiva e altamente significativa com as necessidades de formação.

Rajput (2007) observou que a experiência em BT. O algodão foi positivo e significativo com as necessidades de formação.

Darade (2010) concluiu que existe uma correlação negativa e significativa entre a negociação e as necessidades de formação dos comerciantes de insumos agrícolas.

Jamadar (2012) observou que a experiência na prática do cultivo de cana-de-açúcar foi positiva e significativa com as necessidades de formação.

Jamadar (2015) notou que havia uma correlação positiva e significativa entre a experiência agrícola e as necessidades de formação dos viticultores.

2.4.2 Necessidades de educação e formação

Kumbhar (2003) relatou que a educação estava positiva e significativamente relacionada com as necessidades de formação.

Patil (2004) concluiu que a educação tinha uma associação positiva e não significativa com as necessidades de formação.

Shinde (2005) notou que a educação era uma relação positiva e significativa com as necessidades de formação.

Manpandalekar (2006) observou que a educação tinha uma relação positiva e altamente significativa com as necessidades de formação das mulheres agricultoras.

Rajput (2007) observou que a educação em B.T. Cotton technology era positiva e significativamente relacionada com as necessidades de formação.

Shakya (2008) observou que a educação na tecnologia do grão de bico tinha uma relação positiva e significativa com as necessidades de formação.

Mote e Wadnerkar (2009) observaram que a educação era uma relação positiva e significativa com as necessidades de formação.

Darade (2010) observou que havia uma correlação negativa e significativa entre as necessidades de educação e formação dos comerciantes de insumos agrícolas.

Chawang (2010) observou que a educação tinha uma relação não significativa com as necessidades de formação.

Jamadar (2012) observou que a educação tem uma relação positiva e significativa com as necessidades de formação.

Surywanshi (2014) observou que a educação era uma correlação positiva e altamente significativa entre as necessidades de educação e formação.

Jamadar (2015) notou que havia uma correlação positiva e significativa entre as necessidades de educação e formação dos viticultores.

2.4.3 Necessidades de posse de terras e formação

Kadam (2003) revelou que havia uma correlação positiva e significativa entre a posse de terras e as necessidades de formação.

Manpandalekar (2006) observou que a exploração de terras tinha uma correlação não significativa com as necessidades de formação das mulheres agricultoras.

Rajput (2007) observou que a exploração de terras em B.T. Cotton era positiva e significativamente relacionada com as necessidades de formação.

Shakya (2008), relacionado com Shakya, indicou que a posse de terra na tecnologia do grão de bico era positiva e significativamente relacionada com as necessidades de formação.

Jamadar (2012) descobriu que a posse de terras em cana de açúcar tinha uma relação positiva e significativa com as necessidades de formação.

Chiranthan (2013) descobriu que a exploração de terras tinha uma relação não significativa com as necessidades de formação.

Jamadar (2015) notou que havia uma correlação positiva e significativa entre a posse da terra e as necessidades de formação dos viticultores.

2.4.4 Área sob cultivo de romãs e necessidades de formação

Sharma (2005) constatou que havia uma relação positiva e altamente significativa entre a área sob cultivo de pimenta e as necessidades de formação.

Kesarkar (2010) descobriu que a área sob o cajueiro tinha uma relação negativa e não significativa com as necessidades de formação.

Jamadar (2015) notou que havia uma correlação positiva e significativa entre a área sob cultivo de uvas e as necessidades de formação dos viticultores.

2.4.5 Rendimento anual e necessidades de formação

Kadam (2003) observou que havia uma relação negativa mas significativa com as necessidades de formação.

Shinde (2005) observou que o rendimento anual tinha uma relação positiva e significativa com as necessidades de formação.

Manpandalekar (2006) observou que o rendimento anual tinha uma relação positiva e significativa com as necessidades de formação das mulheres agricultoras.

Rajput (2007) revelou que o rendimento anual em BT. A tecnologia do algodão foi positiva e significativamente relacionada com as necessidades de formação.

Jamadar (2012) observou que o rendimento anual tinha uma relação positiva e significativa com as necessidades de formação.

Suryawanshi (2014) observou que o rendimento anual tinha uma correlação positiva e significativa entre o rendimento anual e as necessidades de formação.

Jamadar (2015) notou que havia uma correlação positiva e altamente significativa entre o rendimento anual e as necessidades de formação dos viticultores.

2.4.6 Participação social e necessidades de formação

Kadam (2003) observou que havia uma relação negativa mas significativa entre o rendimento anual e as necessidades de formação.

Manpandalekar (2006) observou que a participação social tinha uma relação positiva e altamente significativa com as necessidades de formação das mulheres agricultoras.

Rajput (2007) observou que a participação social na tecnologia de B.T. Cotton estava positivamente e significativamente relacionada com as necessidades de formação.

Chawang (2010) observou que a participação social tinha uma relação não significativa com as necessidades de formação dos cultivadores de arroz.

Jamadar (2015) notou que havia uma correlação positiva e significativa entre a participação social e as necessidades de formação dos viticultores.

2.4.7 Extensão das necessidades de contacto e formação

Kadam (2003) observou que não há uma relação significativa entre a participação social e as necessidades de formação.

Rathod (2005) observou que o contacto de extensão estava negativamente relacionado com as necessidades de formação.

Rajput (2007) observou que a experiência na tecnologia B. T. Cotton foi positiva e não significativa com as necessidades de formação.

Kardak (2009) revelou que o contacto de extensão era positivo e altamente significativo em relação às necessidades de formação.

Jamadar (2012) apontou que o contacto de extensão foi uma relação significativa positiva com as necessidades de formação

Chiranthan (2013) revelou que o contacto de extensão era positivo e significativo em relação às necessidades de formação.

Surywanshi (2014) relatou que o contacto de extensão era positivo e que havia uma correlação significativa com as necessidades de formação.

Jamadar (2015) notou que havia uma correlação positiva e significativa entre o contacto de extensão e as necessidades de formação dos viticultores. Com as necessidades de formação.

2.4.8 Conhecimento e necessidades de formação

Mote et. al. (2009) revelaram que o conhecimento era uma relação positiva e significativa com as necessidades de formação.

Mane B.G. (2010) observou que havia uma relação positiva e significativa com as necessidades de formação.

Hipperkar (2015) observou que existe uma relação positiva e significativa com as necessidades de formação.

Manpandalekar (2006) observou que o conhecimento tinha uma relação positiva e altamente significativa com as necessidades de formação das mulheres agricultoras.

Rajput (2007) observou que o conhecimento em B.T. Cotton technology estava positivamente e significativamente relacionado com as necessidades de formação.

2.4.9 Motivação económica e necessidades de formação

Shakya (2008) observou que havia uma relação positiva e significativa com as necessidades de formação.

Waghmare (2010) observou que havia uma relação positiva, mas não significativa, com as necessidades de formação.

Jamadar (2012) aliviou a existência de uma relação positiva e significativa com as necessidades de formação.

Surywanshi (2014) observou que havia uma correlação negativa e significativa entre a motivação económica e as necessidades de formação.

Jamadar (2015) notou que havia uma correlação positiva e altamente significativa entre a motivação económica e as necessidades de formação dos viticultores.

2.4.10 Orientação para o risco e necessidades de formação

Bhosale (2004) relatou que o desempenho de risco dos cultivadores de romãs foi considerado positivo e significativamente relacionado com as suas necessidades de formação de tecnologia pós-colheita de romã.

Bedre (2009) observou que a orientação de mercado tinha uma relação positiva e significativa com as necessidades de formação dos produtores de romãs sobre melhores práticas de cultivo de quiabos.

Trivedi (2009) declarou que a adopção de práticas de gestão de crises pelos produtores de cominhos no cultivo de cominhos tinha uma correlação positiva e significativa com o seu nível de orientação para o risco.

Karmjit Sharma *et. al.* (2011) pode ser notado que a orientação para o risco foi uma variável importante significativamente afectada com as necessidades de formação relativas às práticas de criação.

Suryawanshi (2014) relatou que o risco tinha uma correlação negativa e não significativa entre a orientação para o risco e as necessidades de formação dos comerciantes de insumos agrícolas.

Jamadar (2015) notou que havia uma correlação positiva e significativa entre a orientação de risco e as necessidades de formação dos viticultores.

2.4.11 Orientação para o mercado e necessidades de formação

Bedre (2009) observou que a orientação de mercado tinha uma relação positiva e significativa com o conhecimento dos cultivadores de romãs sobre melhores práticas de cultivo da romã.

Trivedi (2009) declarou que a adopção de práticas de gestão de crises pelos produtores de cominhos no cultivo de cominhos tinha uma correlação positiva e significativa com o seu nível de orientação de mercado.

Jamadar (2015) notou que havia uma correlação positiva e significativa entre a orientação de comercialização e as necessidades de formação dos viticultores.

2.5 Sugestões para os produtores de romãs sobre o programa de formação

2.5.1 Duração

Khandare (2003) assinalou que a maioria (56,60%) dos produtores de laranja doce desejava uma duração de formação de um dia.

Kumbhar (2003) relatou que 100 por cento dos produtores de laranja doce preferiam ter treino por um período de uma semana.

Shinde (2005) revelou que 75,83 por cento dos produtores de laranja doce expressaram que deveria haver uma curta duração de formação.

Manpandlkar (2006) observou que 37,60 por cento dos produtores de laranja doce expressaram ter uma formação de um dia de duração.

Todmal (2009) observou que 38,33 por cento dos produtores de laranja doce expressaram ter treino por um período de uma semana.

2.5.2 Lugar

Kandhare (2002) descobriu que a maioria (84,17%) do inquirido expressou a sua própria aldeia como um local de formação.

Kumbhar (2003) descobriu que um número mais elevado de (87,50%) do inquirido expressou a sua própria aldeia como um local de formação.

Shinde (2005) descobriu que três quinto (75,83%) do inquirido expressou a sua própria aldeia como um local de formação.

Manpadlekar (2006) observou que 77,60 por cento pediam formação na sua própria aldeia.

Todmal (2009) observou que a maioria 68,33 por cento dos inquiridos preferia o seu lugar de origem para a formação.

2.5.3 Tempo e estação

Kandhare (2002) informou que três quintos (59,17%) dos inquiridos preferiam a época de Verão para a formação.

Kumbhar (2003) relatou que a maioria (62,50%) dos inquiridos preferia a época de Verão para a formação.

Shinde (2005) descobriu que um número mais elevado (68,33%) de fruticultores queria formação na época de Verão.

Manpadlekar (2006) observou que uma percentagem significativa (54,17 %) das mulheres agricultoras queria formação na época de Verão.

2.5.4 Língua

Khandare (2003) salientou que a maioria dos produtores de laranja doce 90,60 por cento preferiam a língua Marathi para o programa de formação.

Kumbhar (2003) relatou que 100 por cento dos produtores de laranja doce preferiam a língua Marathi para o programa de formação.

Shinde (2005) revelou que dos produtores de laranja doce 85,83 por cento dos produtores de laranja doce preferem a língua Marathi para o programa de formação.

Manpandlkar (2006) observou que 97,60 por cento dos produtores de laranja doce preferiam a língua Marathi para o programa de formação.

CAPÍTULO 3

METODOLOGIA

Este capítulo trata da descrição relativa à selecção do local de investigação e amostragem, concepção da investigação, técnicas e ferramentas de recolha de dados, significado dos termos e conceitos e métodos estatísticos utilizados na conclusão do presente estudo. O estudo de investigação no distrito de Latur do Estado de Maharashtra. Este capítulo incorpora também o processo de medição de variáveis independentes e dependentes em estudo. Assim, a metodologia adoptada é descrita sob as seguintes cabeças:

3.1   Área de estudo e a sua geografia.

3.2   Concepção da investigação.

3.3   Método de amostragem.

3.4   Ferramentas e técnicas de recolha de dados .

3.5   Variáveis e a sua medição empírica   .

3.6   Análise estatística.

3.1   Localização do estudo e sua geografia

O presente estudo foi realizado no distrito de Latur, na região de Marathwada, no Estado de Maharashtra.

3.1.1   Características salientes do distrito de Latur

3.1.1.1   Fisiografia

O distrito de Latur situa-se na parte sudeste de Maharashtra. O distrito situa-se entre 18° 50' e 18° 75' latitude norte e em 76° 25' e 77° 25' longitude leste. O distrito está situado na fronteira do Estado de Maharashtra Karnataka. No lado oriental de Latur, o distrito de Bidar de Karnataka está situado enquanto, Nanded está no lado nordeste, e Parbhani está no lado norte. Beed fica no lado Noroeste e Osmanabad fica no lado Oeste-Sul.

O distrito inteiro está situado no Planalto de Balaghat, a 540 a 638 metros do nível médio do mar. A área total deste distrito é de 7371 km2. Que é 2,40 por cento do Estado de Maharashtra. De acordo com a Direcção de Operações Censitárias em Maharashtra, a população total do distrito de Latur é de 24, 55.543 (recenseamento de 2011), com a maior parte deste distrito com placa de laterite. O distrito está dividido em duas partes, ou seja, área de colina alta e de colina baixa. Há dez tahsils no distrito de Latur

nomeadamente, Latur, Chakur, Renapur, Ahamadpur, Shirur (Anantpal), Jalkot, Udgir, Deoni, Nilanga e Ausa.

3.1.1.2 Solo

Os solos do distrito de Latur são laterite em planalto com uma altura média de 540 a 638 m acima do nível médio do mar. Os solos deste distrito são solos negros médios e solos leves. Tem um ligeiro declive em direcção ao Sul. O Manjara é o maior rio do distrito que corre para o Sudeste.

3.1.1.3 Clima e pluviosidade

O clima do distrito é na sua maioria fresco e seco, excepto durante a estação das monções do Sudoeste. No Verão, é seco e quente e no Inverno seca e fresco. A temperatura máxima é de 44º C no mês de Maio e a temperatura mínima é de 11,9º C no mês de Dezembro. A precipitação registada no distrito revela uma precipitação irregular em diferentes blocos do distrito. O distrito recebe precipitação principalmente das monções do Sudoeste. A pluviosidade anual do distrito é de 700-800 mm.

3.1.1.4 Padrão de cultivo

As principais culturas *Kharif* são o *kharif* jowar, o feijão mungo, o feijão urd, a soja, o girassol e a ervilha de pombo, enquanto que as principais culturas em *Rabi* são o girassol, a grama, o trigo e o jowar *Rabi*. As principais culturas de rendimento são a cana-de-açúcar, algodão, romã, manga e vegetais em algumas partes do distrito.

3.1.1.5 Actividades culturais

Os hindus observam uma variedade de jejuns, festas e festivais ao longo de todo o ano. Os festivais mais importantes comuns a todas as castas e seitas deste distrito são Makar Sankranti, Dasara, Hanuman Jayanti, Ram Navami, Gudi Padva, Rakhi Pornima, Pola, Ganesh Chaturthi, Holi, Diwali, Vel Amavashya, etc.

Entre os budistas, Jayanties de Gautam Buda e o Dr. Babasaheb Ambedkar são celebrados e entre os muçulmanos, são celebrados diferentes Sida que incluem Ramzan Eid, Bakri Eid, Moharum, etc.

3.2 Método de amostragem

3.2.1 Selecção do distrito

A técnica de amostragem em várias fases foi utilizada para seleccionar distritos, tahsils, aldeias e cultivadores de romãs. O estudo foi realizado no distrito de Latur da Região de Marathwada (M.S.)

que foi propositadamente seleccionada para o estudo de investigação. O distrito de Latur tem a área mais alta sob romã após Aurangabad.

3.2.2 Selecção de tahsils

Há dez tahsils no distrito de Latur. Três tahsil nomeadamente Renapur, Udgir e Ausa foram seleccionados propositadamente do distrito de Latur, com base na área máxima cultivada com romã para estudo de investigação sobre a romã.

3.2.3 Selecção de aldeias

Para efeitos do estudo, quatro aldeias de cada tahsil seleccionado foram propositadamente seleccionadas com base na área máxima cultivada com romãs. Total de doze aldeias seleccionadas a partir destes tahsil, nomeadamente Karepur, Khalangri, Shera, Renapur, Her, Tiwatgyal, Kaulkhed, Banshelki, Pomadevi Jawalga, Mahadevwadi, Ausa e Selu.

Quadro 3: Lista de aldeias no distrito de Latur com base na área mais alta de cultivo da romã

Sl. no.	Tahsil	Sr. No.	Villages	Respondents
1.	Renapur	1.	Karepur	10
		2.	Khalangri	10
		3.	Shera	10
		4.	Renapur	10
2.	Udgir	5.	Her	10
		6.	Tiwatgyal	10
		7.	Kaulkhed	10
		8.	Banshelki	10
3.	Ausa	9.	Pomadevi Jawalga	10
		10.	Mahadevwadi	10
		11.	Ausa	10
		12.	Selu	10
Total	03		12	120

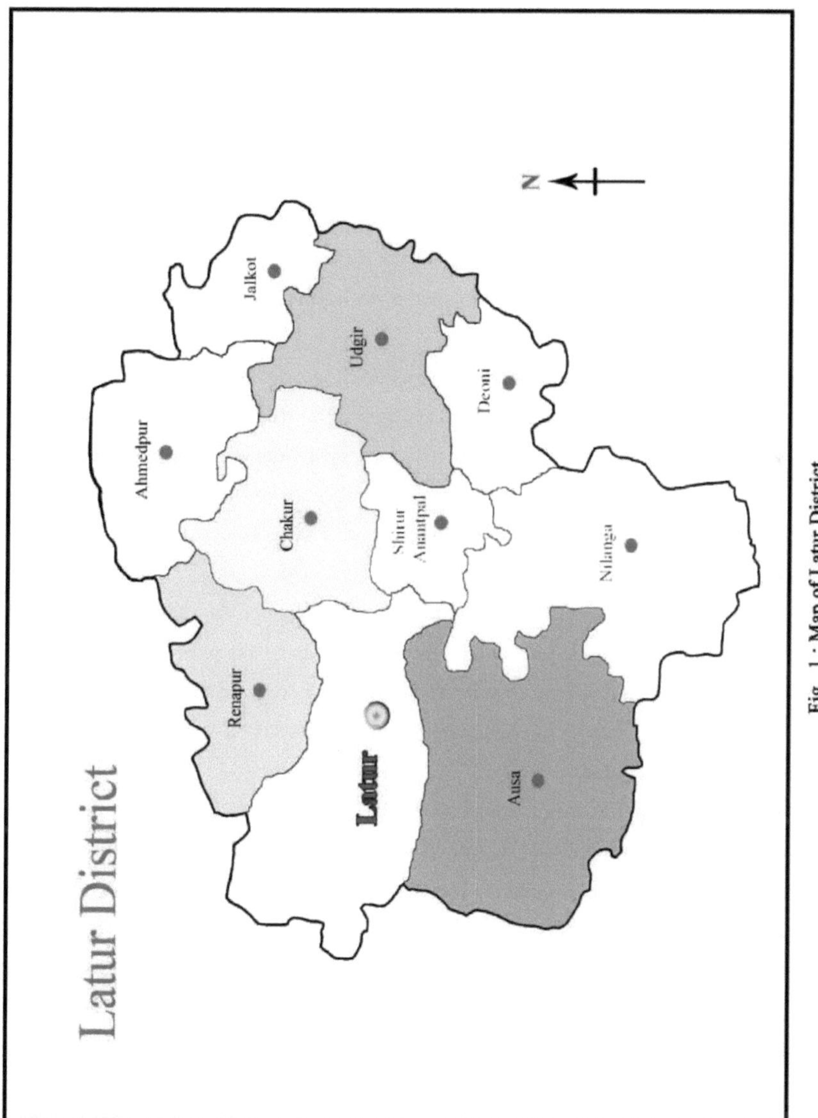

Fig. 1 : Mapa do distrito de Latur

3.2.4 Selecção dos inquiridos

A lista de romãzeiros foi preparada com a ajuda do Assistente de Agricultura de aldeias seleccionadas para o estudo. Dez plantadores de romãs de cada aldeia foram seleccionados aleatoriamente a partir de tahsils seleccionados. Desta forma, a amostra total de 120 inquiridos foi finalizada para o estudo.

3.3. Concepção da investigação

Foi utilizado o desenho ex-post-facto com método de estudo de caso único.

3.4. Ferramentas e técnicas utilizadas na recolha de dados

3.4.1 Desenho do horário das entrevistas

O calendário de entrevistas com base nos objectivos do estudo foi preparado para a recolha de dados dos inquiridos. O calendário consistiu na informação de base do inquirido juntamente com as componentes das necessidades de formação. O calendário foi formulado em consulta com os peritos na área da educação de extensão, departamento de horticultura e através da revisão da literatura relevante.

Durante a preparação do horário da entrevista, foi tido o cuidado de evitar perguntas de duplo sentido e declarações contraditórias. A linguagem das perguntas foi mantida simples para facilitar a compreensão. As perguntas sobre as várias características pessoais dos produtores de romãs com possível correlação com as suas necessidades de formação e também os constrangimentos enfrentados por estes em relação à gestão do campo de romãs foram incluídas na agenda.

3.4.2 Pré-teste do horário

O horário foi pré-testado através de entrevistas aos 10 produtores de romãs numa área não amostrada contra ambiguidade e redundância. À luz da experiência do pré-teste, o horário da entrevista foi modificado e utilizado para a recolha de dados após a preparação do número de cópias necessárias. O mesmo horário é incluído no final da presente dissertação.

3.4.3 Método de recolha de dados

Os dados foram recolhidos com a ajuda de um calendário de entrevistas pré-desenhado, contactando pessoalmente os produtores de romãs de amostra. A ajuda dos líderes locais, Gramsevaks, Talathies, Assistentes Agrícolas do Departamento de Estado da Agricultura e Receitas Públicas, foi tomada ao abordar os produtores de romãs, com vista a desenvolver uma relação com eles, a fim de obter informações mais fiáveis. As entrevistas foram conduzidas durante o mês de Dezembro de 2015 e Janeiro de 2016. Em média, a entrevista dos produtores de romãs individuais durou cerca de meia hora. Os horários das entrevistas foram preenchidos e verificados no mesmo dia.

3.4.4 Tratamento de dados

A informação recolhida dos produtores de romãs com a ajuda do calendário de entrevistas pessoais foi processada através da elaboração de tabelas primárias e secundárias. Os dados de natureza qualitativa foram convertidos em forma quantitativa e o cálculo da pontuação foi feito para cada uma das variáveis independentes e dependentes.

3.5 Variáveis e suas medidas

Quadro 4: Variáveis e sua medição empírica

Sl. No.	Variables	Empirical Measurements
I.	**Independent variables**	
1	Farming experience	Number of years actually engaged in pomegranate cultivation by the respondents.
2	Education	Formal education sought by respondent.
3	Land holding	Criteria adopted by Ministry of Rural Development, GOI
4	Area under pomegranate cultivation	Schedule was developed.
5	Annual income	Total earned income in rupees from all the sources by all member of respondent family.
6	Social participation	Scale developed by Supe S.V. (2007) was used with slight modification.
7	Extension contact	Scale developed by Sawant (1999) was used with slight modification.
8	Knowledge	Schedule was developed
9	Economic motivation	Scale developed by Supe S.V. (2007) was used with slight modification.
10	Risk orientation	Scale developed by Supe S.V. (2007) was used with slight modification
11	Marketing orientation	Scale developed by Samantha (1977) was used with slight modification
II.	**Dependent variable**	
1	Training needs	Schedule was developed.

3.5.1.1 Experiência agrícola

Refere-se ao número de anos efectivamente passados pelos produtores de romãs na agricultura. Os plantadores de romãs foram agrupados em três categorias com base na Média ± Desvio Padrão, como abaixo indicado.

Sl. No.	Category	Farming experience
1.	Low	UP to 15
2.	Medium	16 to 23
3.	High	Above 23
	Mean = 19.96	S.D. = 4.34

3.5.1.2 Educação

É uma capacidade do produtor de romãs para ler e escrever ou educação formal recebida por ele até certo ponto. É o nível de alfabetização dos cultivadores de romãs. Foi medido atribuindo uma pontuação de zero ao analfabeto e uma pontuação a cada padrão de educação formal. Os inquiridos tiveram a pontuação máxima 6 e mínima 0. A categorização foi a seguinte.

Sr. No.	Education Level	Score
1.	Illiterate	0
2.	Primary School Level (Ist to IVth stds)	1
3.	Middle School Level (Vth to VII th stds)	2
4.	Secondary School Level (VIIIth to X th stds)	3
5.	Higher School Level (XI th to XII th stds)	4
6.	Graduate (Above XII th stds.)	5
7.	Post Graduate	6

3.5.1.3 Exploração de terras

A dimensão da exploração da terra refere-se à terra total que um produtor individual de romãs possuía. O número de hectares de terra pertencentes a cada inquirido; a família foi considerada como a sua dimensão de exploração de terra. Dependendo da dimensão da exploração, os inquiridos foram agrupados em quatro categorias usando os critérios adoptados pelo Ministério do Desenvolvimento Rural, Circular do GI n.º 280-12/16/19-RD- III (Vol.II) dtd. 15 de Novembro, 1991.

Sl. No.	Category	Land holding (ha)
1	Small farmers	Up to 2.00
2	Semi-medium farmers	2.01 to 4.00
3	Medium farmers	4.01 to 10.00
4	Big farmers	Above 10.00

3.5.1.4 Área sob cultivo de romãs

A área sob romã foi estudada com vista a compreender a posição dos cultivadores de romã no que diz respeito à intensidade da cultura que ele tinha cultivado. Refere-se ao tamanho do terreno utilizado pelo produtor de romã, em termos de hectares, para o cultivo da cultura da romã a partir da sua exploração agrícola total disponível. Três categorias com base na Média ± Desvio Padrão, como abaixo indicado.

Sl. No.	Category	Area under pomegranate cultivation (ha.)
1.	Low	UP to 1.00
2.	Medium	1.01 to 2.00
3.	High	Above 2.00
	Mean = 1.92	S.D. = 0.99

3.5.1.5 Rendimento anual

Refere-se ao rendimento total, em rupias por ano, da família do produtor de romãs das várias fontes. Foi medido em rupias. Os inquiridos foram categorizados com base no seu rendimento anual em três categorias. Os inquiridos tinham um rendimento anual máximo de Rs. acima de 3 rúpias e um mínimo de Rs. Até 1,50 rúpias. Na base, os inquiridos foram categorizados da seguinte forma. Três categorias com base na Média ± Desvio Padrão, como se segue.

Sl. No.	Category	Income (Rs.) in lakh.
1.	Low	UP to 1.50
2.	Medium	1.51 to 3.00
3.	High	Above 3.00
	Mean = 1.82	S.D. = 0.82

3.5.1.6 Participação social

Na participação dos produtores de romãs em várias organizações formais e informais. Para o estudo da participação social dos produtores de romãs, foi feita uma pontuação. Na participação de uma organização social, foi atribuída uma pontuação. Foram atribuídas duas pontuações adicionais ao portador de um cargo de uma organização. Depois, a pontuação foi multiplicada pelo número de anos. A pontuação total dos produtores de romãs foi calculada e depois foram classificados nas três categorias seguintes, com base na Média ± Desvio Padrão.

Sl. No.	Category	Social participation (Score)
1.	Low	Up to 2
2.	Medium	2 to 4
3.	High	Above 4
	Mean = 3.45	S.D. = 2.00

3.5.1.7 Contacto de extensão

Refere-se ao contacto dos inquiridos com a agência de extensão ou peritos, locais ou fora da aldeia. A qualificação da variável é feita através da atribuição de pontuações da seguinte forma.

Sl. No.	Item/Response	Score
1. Awareness		
	Yes	1
	No	0
2. Regularity of contact		
	Regular	4
	Occasional	2
	Never	0

Considerando a média e o desvio padrão, os inquiridos podem ser agrupados em três categorias: 'baixo', 'médio' e 'alto'. A pontuação total dos inquiridos individuais foi calculada através da soma de todas as pontuações. Em seguida, os respondentes foram agrupados em três categorias, utilizando a fórmula Média ± Desvio Padrão, como se segue.

Sl. No.	Category	Extension contact (Score)
1.	Low	Up to 6
2.	Medium	6 to 16
3.	High	Above 16
	Mean = 11.12	S.D. = 5.43

3.5.1.8 Conhecimento

O conhecimento dos produtores de romãs sobre as medidas de protecção das plantas foi elaborado tendo em conta a sua opinião sobre questões relacionadas com o conhecimento. Para este professor foi utilizada a escala feita pelo professor. Três categorias com base na Média ± Desvio Padrão, como abaixo indicado.

Sl. No.	Category	Risk orientation (Score)
1.	Low	Up to 4
2.	Medium	4 to 10
3.	High	Above 10
	Mean = 6.75	S.D. = 3.27

3.5.1.9 Motivação económica

A motivação económica refere-se à medida em que um produtor de romãs está orientado para a realização dos fins económicos máximos, tais como, a maximização dos lucros no cultivo da romã. A escala desenvolvida por Supe (2007) foi utilizada para medir a motivação económica. A escala tinha seis afirmações em que cinco eram positivas e uma era negativa. Foi medida em contínuo de três pontos, tais como "concordar", "indeciso", e "discordar" com uma ponderação de 3, 2 e 1 para declarações positivas e 1, 2 e 3 para declarações negativas, respectivamente. A pontuação máxima e mínima variava entre 18 e 6, respectivamente. Os inquiridos foram classificados pela fórmula Média ± Desvio Padrão

Sl. No.	Category	Economic motivation (Score)
1.	Low	Up to 12
2.	Medium	12 to 21
3.	High	Above 21
	Mean = 16.43	S.D. = 4.57

3.5.1.10 Orientação para o risco

O grau de orientação para o risco foi medido através do cálculo da pontuação de orientação para o risco. Seis declarações foram incorporadas no cronograma. Para medir a orientação de risco para a resposta positiva das declarações, foram atribuídas pontuações 5, 4, 3, 2, e 1 respectivamente, enquanto que para a pontuação oposta negativa foi atribuída uma pontuação. Assim, a pontuação total para todos os cultivadores de romãs foi calculada e estes foram classificados em três categorias abaixo. Os inquiridos foram classificados pela fórmula Média ± Desvio Padrão.

Sl. No.	Category	Risk orientation (Score)
1.	Low	Up to 11
2.	Medium	11 to 20
3.	High	Above 20
	Mean = 15.73	S.D. = 4.69

3.5.1.11 Orientação para o mercado

Refere-se à orientação dos cultivadores de romãs sobre a prevalência do mercado pronto e remunerado. Seis declarações foram incorporadas no calendário. As declarações positivas recebem uma pontuação de quatro por concordarem fortemente, três por concordarem, duas por discordarem e uma por concordarem fortemente, respectivamente. Enquanto para as declarações negativas foi dada uma pontuação oposta.

Assim, a pontuação total para todos os cultivadores de romãs foi calculada e depois foram classificados em três categorias abaixo.

Sl. No.	Category	Market orientation (Score)
1.	Low	Up to 16
2.	Medium	16 to 22
3.	High	Above 22
	Mean = 22.16	S.D. = 5.05

3.5.2 Medições de variáveis dependentes:

Necessidades de formação

As necessidades de formação foram operacionalmente definidas como as opiniões expressas pelos inquiridos em relação a diferentes áreas de formação como mais importantes, Importantes, Menos importantes. Foi utilizado um calendário estrutural para o presente estudo para medir as necessidades de formação. Foram quantificados três pontos contínuos no inventário de necessidades, atribuindo a pontuação 2, 1 e 0 às necessidades de formação mais importantes, importantes e menos importantes, respectivamente. A pontuação máxima total foi de 68 pontos. A pontuação das necessidades de formação foi comentada através da soma de toda a pontuação dos produtores individuais de romãs. Os produtores de romãs foram categorizados em três categorias com base na Média ± Desvio Padrão, como abaixo indicado.

Foi desenvolvido um índice de necessidade de formação através da seguinte fórmula.

$$\text{Training need index} = \frac{\text{Score obtained}}{\text{Maximum obtainable score}} \times 100$$

Os cultivadores de romãs foram categorizados nos três grupos seguintes, utilizando a fórmula Média ± Desvio Padrão.

Sl. No.	Category	Training need index
1.	Less training need	UP to 26
2.	Medium training need	27 to 43
3.	More training need	Above 43
	Mean = 36.10	S.D. = 8.37

3.6 Análise estatística

Os dados foram processados e tabelados utilizando frequências simples e os parâmetros como percentagem, média e desvio padrão foram utilizados.

3.6.1 Frequência e Percentagem

A percentagem foi utilizada na análise descritiva dos dados para fazer comparações simples. A frequência da categoria particular foi multiplicada por cem e dividida pelo número total de cultivadores de romãs para se obter a percentagem nessa categoria particular.

$$\overline{X} = \frac{\Sigma\, X}{N}$$

Onde,

X = Média
$\Sigma\, X$ = Soma da pontuação dos inquiridos
N = N.º de inquiridos

3.6.2 Desvio padrão

O desvio padrão é uma medida de variabilidade calculada em torno da média. O símbolo habitual para o desvio padrão na letra grega o (sigma).

$$S.D. = \sqrt{\frac{\Sigma\,(X - \overline{X})^2}{n}}$$

Onde,

S.D. = Desvio padrão
X = Pontuação do respondente individual
X = Média aritmética

3.6.3 O coeficiente de correlação de Karl Pearson

Esta técnica foi utilizada para descobrir a relação entre duas variáveis. Foi utilizada a seguinte fórmula para o cálculo do valor 'r'.

$$r = \frac{\Sigma XY - \dfrac{(\Sigma X) - (\Sigma Y)}{N}}{\sqrt{\dfrac{[(\Sigma X^2 - (\Sigma X)^2] \times [(\Sigma Y^2 - (\Sigma Y)^2]}{n}}}$$

Onde,

N = Número de observações.

r = Coeficiente de correlação

X = Pontuação de variáveis independentes

Y = Pontuação de variáveis dependentes.

3.6.4   Regressão linear múltipla

A análise da regressão linear múltipla foi feita para descobrir a contribuição relativa das variáveis independentes para as variáveis dependentes.

A equação de regressão múltipla foi ajustada.

$$Y = a + b_1x_1 + b_2x_2 + \ldots\ldots + b_nx_n$$

Onde,

Y = Variável dependente

Xi = Variáveis independentes i = 1,2,3,....n

Bi = Coeficiente de regressão parcial i = 1, 2, 3,.....n

a = constante

n = Número total de variáveis independentes

O valor calculado de[4] t' foi testado em relação ao valor da tabela de "n-2 grau de liberdade". Foi considerado significativo, se o valor "t" calculado fosse superior ao da tabela "t". Valor a 0,01 ou 0,05 nível de probabilidade.

CAPÍTULO 4

RESULTADOS

A presente investigação tem por objectivo concentrar as necessidades de formação dos produtores de romãs sobre medidas de protecção das plantas. Os dados recolhidos para o estudo foram classificados, tabelados e analisados à luz dos objectivos do estudo. Os resultados e a sua interpretação são apresentados sob as seguintes cabeças.

4.1   Perfil dos cultivadores de romãs.

4.2   Conhecimento dos cultivadores de romãs sobre medidas de protecção das plantas.

4.3   Necessidades de formação dos produtores de romãs sobre medidas de protecção das plantas.

4.4   Explorar a relação entre o perfil dos cultivadores de romãs e as necessidades de formação sobre medidas de protecção das plantas.

4.5   Sugestões dos produtores de romãs sobre medidas de protecção das plantas.

4.1   Perfil dos cultivadores de romãs

Os dados relativos às características pessoais, socioeconómicas e psicológicas seleccionadas dos inquiridos são apresentados e discutidos nesta parte.

4.1.1   Experiência Agrícola

A experiência no cultivo da romã indica o nível de familiaridade dos agricultores no cultivo da romã. Os inquiridos foram classificados em cinco categorias, de acordo com a sua experiência no cultivo de romãs em anos. Os dados a este respeito são apresentados no **Quadro 5: Distribuição dos produtores de romãs de acordo com a sua experiência agrícola** (n=120)

Sl. No.	Category	Respondents	
		Frequency	**Percentage**
1.	Low (Up to 15)	23	19.17
2.	Medium (between 16 to 23)	69	57.50
3.	High (Above 23)	28	23.33
	Total	**120**	**100**

O Quadro 5 indica que quase três quintos (57,50%) dos produtores de romãs tinham uma experiência agrícola média, enquanto 23,33% dos produtores tinham uma experiência agrícola elevada, enquanto 19,17% deles se encontravam na categoria de experiência agrícola baixa.

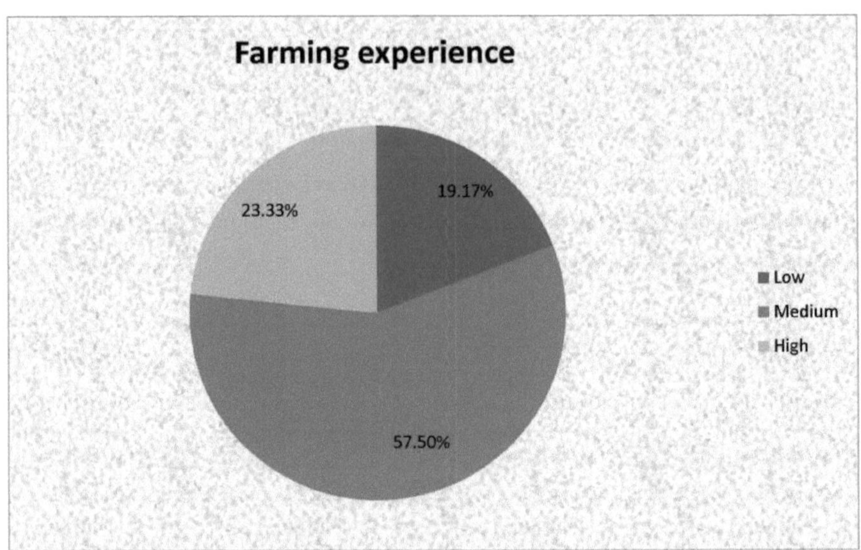

Fig. 2: Distribuição dos cultivadores de romãs de acordo com a sua experiência agrícola

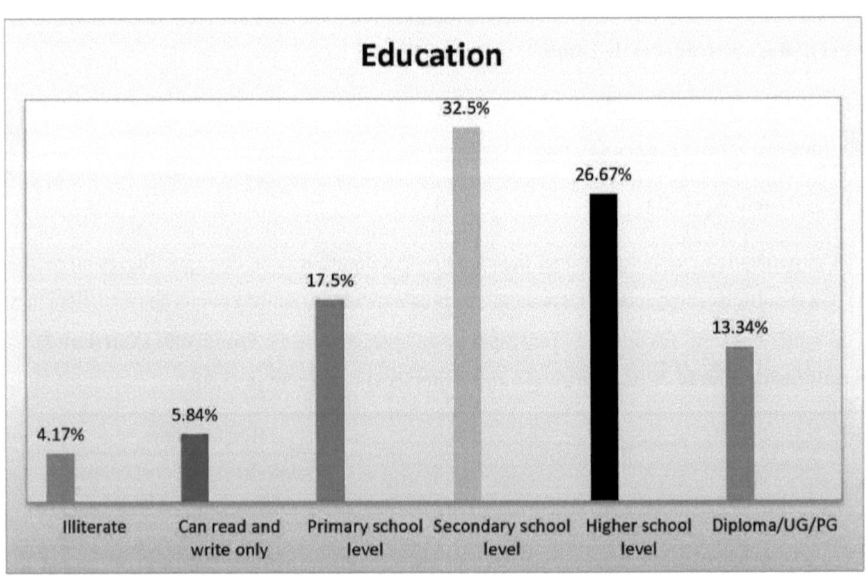

Fig 3: Distribuição dos cultivadores de romãs de acordo com a sua educação

4.1.2 Educação

A educação é o processo de produzir as mudanças desejáveis no comportamento dos seres humanos. Desempenha um papel importante na vida de cada ser humano e, como tal, sentiu-se a necessidade de conhecer o estatuto educacional dos inquiridos. Os inquiridos foram classificados em seis categorias, como se pode ver no Quadro 6.

Quadro 6: Distribuição dos romãzeiros de acordo com o seu nível de educação (n=120)

Sl. No.	Category	Respondents	
		Frequency	Percentage
1.	Illiterate	5	4.17
2.	Can read and write only	7	5.84
3.	Primary School Level (v th to VII th stds.)	21	17.50
4.	Secondary School Level (VIII th to X th stds.)	39	32.50
5.	Higher School Level (XI th to XII th stds.)	32	26.67
6.	Diploma/ Graduate /Post Graduate	16	13.34
	Total	**120**	**100**

Os dados do Quadro 6 mostram claramente que 32,50% dos cultivadores foram educados até ao nível do ensino secundário, 26,67% foram educados até ao nível escolar superior, enquanto 17,50% foram educados até ao nível do ensino primário e 13,34% dos cultivadores de romãs foram educados até ao nível do diploma ou graduação ou pós-graduação. 5,84% dos cultivadores de romãs só sabem ler e escrever, enquanto que 4,17% dos cultivadores de romãs eram analfabetos.

4.1.3 Exploração de terras

A exploração de terras é considerada como um dos factores importantes que determina o estatuto económico e o potencial dos agricultores para optarem por novas tecnologias agrícolas, bem como outras empresas aliadas. De facto, a exploração de terras tem um papel significativo na manutenção das suas famílias e no desenvolvimento económico. Por conseguinte, a exploração de terras variável foi considerada na presente investigação. Os inquiridos foram agrupados em quatro categorias de acordo com a sua dimensão de exploração fundiária, os dados a este respeito são apresentados no Quadro 7.

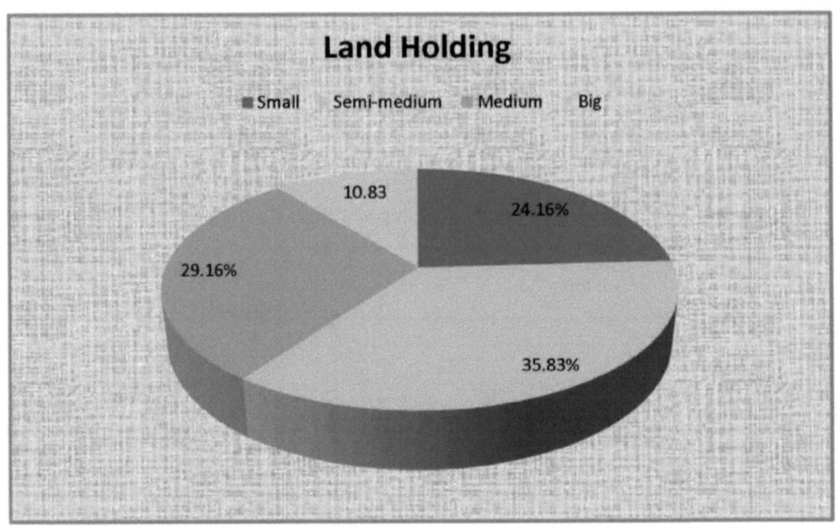

Fig 4: Distribuição dos produtores de romãs de acordo com a sua exploração de terras

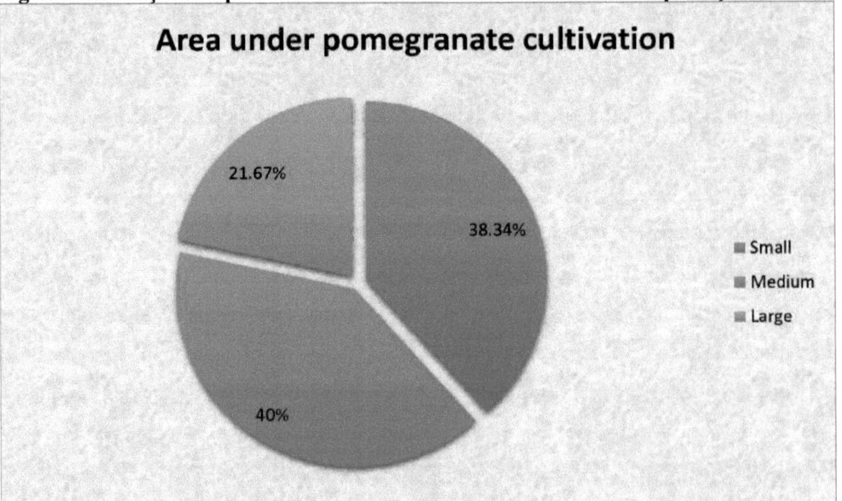

Fig 5: Distribuição dos produtores de romãs de acordo com a sua área de cultivo de romãs

Quadro 7: Distribuição dos inquiridos de acordo com a posse da terra (n=120)

Sl. No.	Land holding (ha)	Respondents	
		Frequency	Percentage
1.	Small farmers (up to 2.00)	29	24.16
2.	Semi-medium farmers (2.01 – 4.00)	43	35.83
3.	Medium farmers (4.01 – 10.00)	35	29.16
4.	Big farmers (above 10)	13	10.83
Total		**120**	**100**

Viu-se pelo Quadro 7 que em mais de um terço (35,83%) dos casos os produtores de romãs vêm em terras semi-médias,

Seguidos por aqueles com média 29,16%, pequena 25,16% e grande 10,83% de superfície de terra.

4.1.4 Área sob cultivo de romãs

A informação relativa à área sob cultivo de romãs dos inquiridos é apresentada no Quadro 8. A área sob cultivo de romãs é um factor importante em relação à eficiência de gestão dos inquiridos. Os inquiridos foram agrupados em cinco categorias, como se mostra no Quadro 8.

Quadro 8: Distribuição dos produtores de romãs de acordo com a sua área sob cultivo de romã (n=120)

Sl. No.	Category	Respondents	
		Frequency	Percentage
1.	Small (Up to 1.00 ha)	46	38.34
2.	Medium (between1.00 to 2.00 ha)	48	40.00
3.	Large (Above 2.00)	26	21.67
	Total	**120**	**100**

Os dados do Quadro 8 mostram claramente que uma percentagem mais elevada (40,00%) de romãzeiros foram encontrados em área média na categoria de cultivo de romã, 38,34% em pequena área na categoria de cultivo de romã, enquanto 21,67% de romãzeiros foram encontrados em grande área na categoria de cultivo de romã.

4.1.5 Rendimento anual

O rendimento anual da romã inclui o quantum de dinheiro derivado ou ganho durante um ano a partir da exploração agrícola e outras fontes relacionadas. Assume-se que a posição económica de um indivíduo afecta o seu comportamento. Geralmente, as actividades agrícolas sãs e variadas só são possíveis

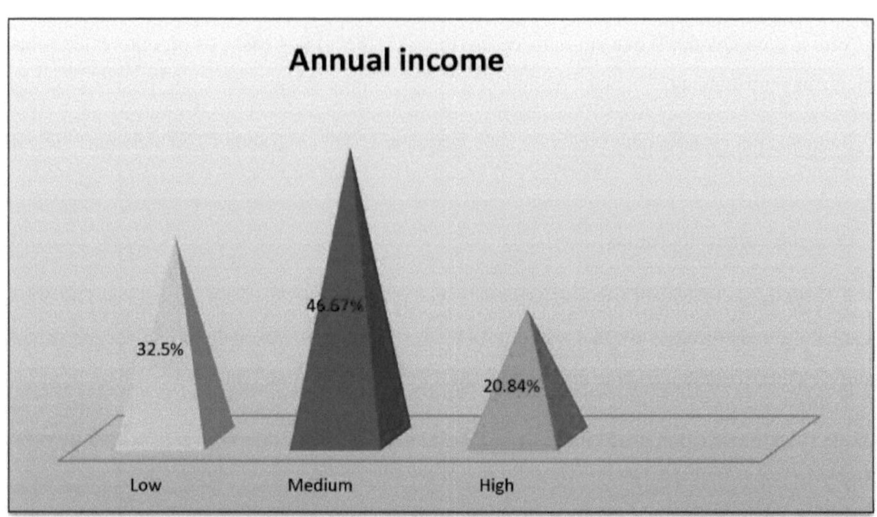

Fig 6: Distribuição dos cultivadores de romãs de acordo com os seus rendimentos anuais

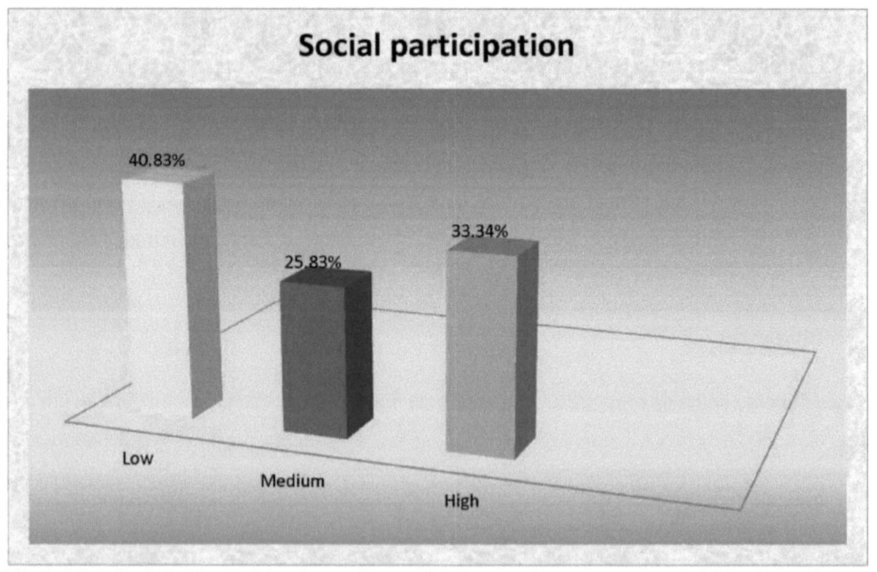

Fig 7: Distribuição dos cultivadores de romãs de acordo com a sua participação social

Quando se dispõe de dinheiro adequado em mãos. Os dados relativos ao rendimento anual da romã dos inquiridos são apresentados no Quadro 9.

Quadro 9: Distribuição dos produtores de romãs de acordo com os seus rendimentos anuais (n=120)

Sl. No.	Category	Respondents	
		Frequency	Percentage
1.	Low (Up to Rs. 1,50,000/-)	39	32.50
2.	Medium (Rs. 1,50,000/- to 3,00,000/-)	56	46.67
3.	High (Above 3,00,000/-)	25	20.84
	Total	120	100

Observa-se no Quadro 9 que 46,67 por cento dos produtores de romãs tinham rendimentos anuais médios (Rs 1, 50.000/- a 3, 00.000/-) seguidos de 32,50 por cento e 20,84 por cento tinham rendimentos anuais baixos (até Rs 1, 50.000/-) e altos (Rs 3, 00.000/- e acima), respectivamente.

4.1.6 Participação social

A participação social mostra o interesse dos inquiridos em participar em várias actividades. A participação social é um aspecto importante para mostrar a condição social do cultivador de romãs. A informação a respeito da participação social dos inquiridos é apresentada no Quadro 10.

Quadro 10: Distribuição dos inquiridos de acordo com a sua participação social (n=120)

Sl. No.	Category	Respondents	
		Frequency	Percentage
1.	Low (Up to 2)	49	40.83
2.	Medium (2 to 6)	31	25.83
3.	High (Above 6)	40	33.34
	Total	120	100

Observa-se no Quadro 10 que 40,83 por cento dos produtores de romãs tinham uma baixa participação social, enquanto 33,34 por cento tinham uma alta participação social e 25,83 por cento deles encontravam-se na categoria de participação social média.

4.1.7 Contacto de extensão

O contacto de extensão ajuda os inquiridos a adquirir novos conhecimentos, informação e tecnologia. Para resolver os problemas a nível local, um bom contacto de extensão é muito necessário. Na extensão, o contacto de contacto dos inquiridos visita os vários funcionários a nível local. Estes oficiais a nível de aldeia ajudam os inquiridos a resolver os seus problemas. Os dados relativos ao contacto de extensão dos inquiridos são apresentados no Quadro 11.

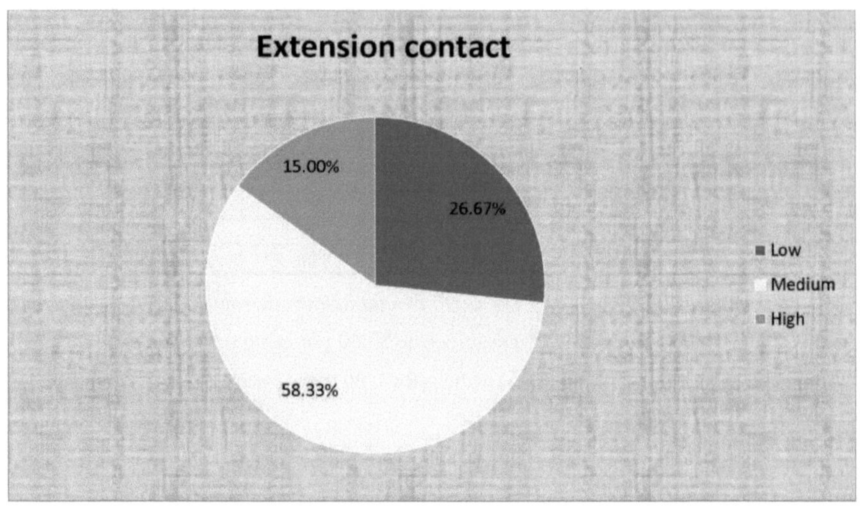

Fig 8: Distribuição dos cultivadores de romãs de acordo com o seu contacto de extensão

Conhecimento

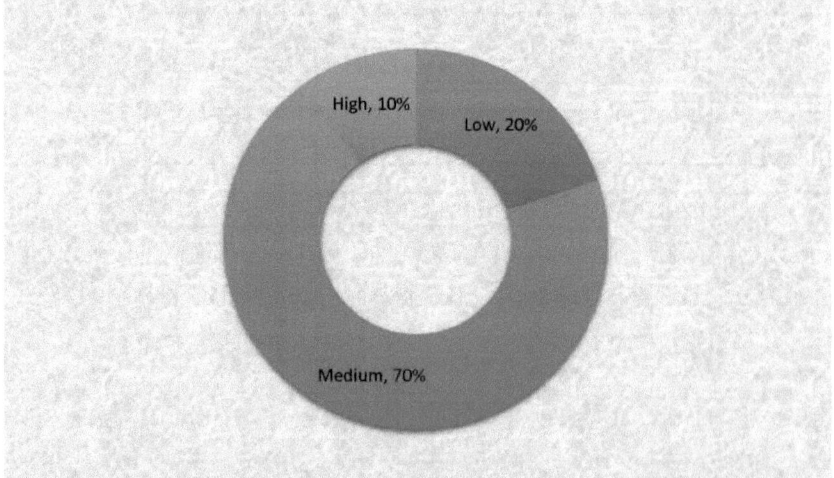

Fig 9: Distribuição dos cultivadores de romãs de acordo com os seus conhecimentos

Quadro 11: Distribuição dos inquiridos de acordo com o seu contacto de extensão (n=120)

Sl. No.	Category	Respondents	
		Frequency	Percentage
1.	Low (Up to 6)	32	26.67
2.	Medium (6 to 16)	70	58.33
3.	High (Above 16)	18	15.00
	Total	**120**	**100**

Os dados do Quadro 11 indicam que mais de metade (58,33%) dos inquiridos foram encontrados em contactos de extensão médios e 26,67% deles tiveram contactos de extensão baixos. Enquanto que 15,00 por cento deles tiveram um contacto de extensão elevada.

4.1.8 Conhecimento

O conhecimento é um aspecto importante para a realização de qualquer trabalho. O nível de conhecimento ajuda dos inquiridos ajuda a planear o futuro programa. Ao fazer perguntas relacionadas com um tema específico, o nível de conhecimento dos inquiridos pode ser julgado.

Quadro 12: Distribuição dos inquiridos de acordo com os seus conhecimentos (n=120)

Sl. No.	Category	Respondents (n=120)	
		Frequency	Percentage
1.	Low (Up to 4)	24	20.00
2.	Medium (4 to 10)	84	70.00
3.	High (Above 10)	12	10.00
	Total	**120**	**100**

Os dados do Quadro 12 indicam que quase três quartos (70,00%) dos inquiridos tinham um nível médio de conhecimento e 20,00 por cento deles tinham pouco conhecimento. Enquanto que 10,00 por cento deles tiveram um elevado contacto de extensão.

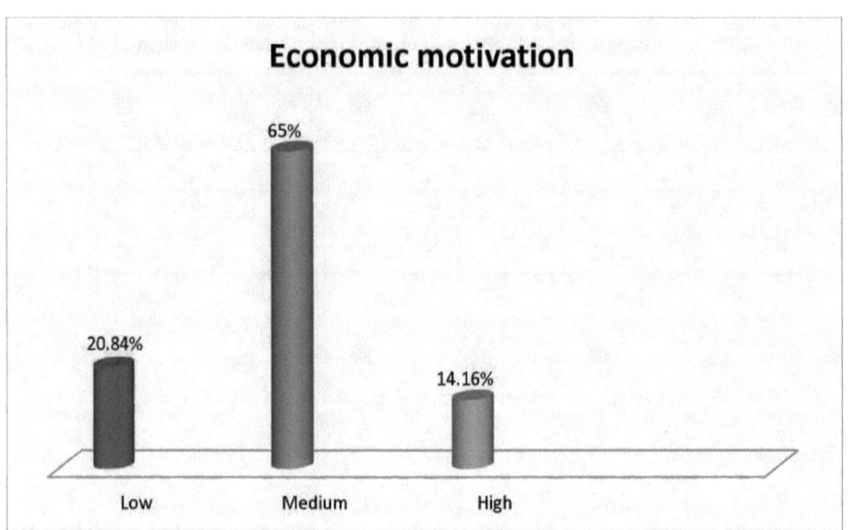

Fig 10: Distribuição dos cultivadores de romãs de acordo com a sua motivação económica

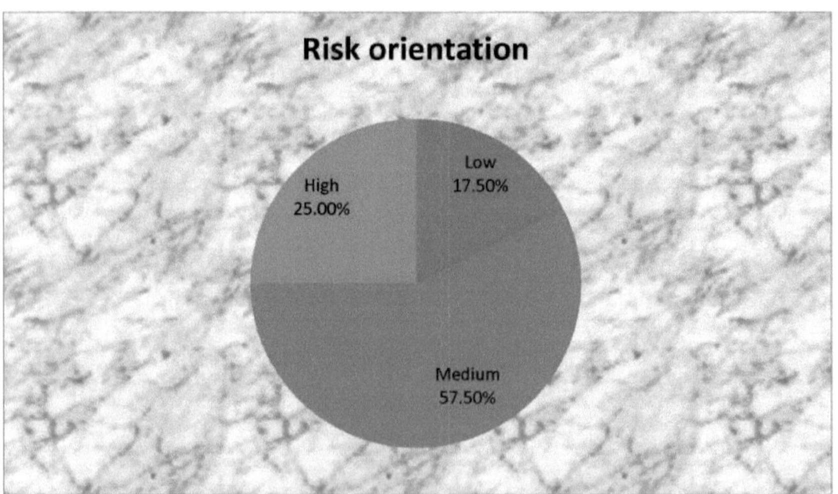

Fig 11: Distribuição dos cultivadores de romãs de acordo com a sua orientação para o risco

4.1.9 Motivação económica

É um sucesso profissional em termos de maximização do lucro e do valor relativo de um lugar individual com fins económicos. A motivação económica refere-se à medida em que um produtor de romãs está orientado para a realização dos fins económicos máximos, tais como, a maximização dos lucros no cultivo da romã. Os dados a este respeito foram recolhidos e apresentados no Quadro 13.

Quadro13: Distribuição dos inquiridos de acordo com a sua motivação económica (n=120)

Sl. No.	Category	Respondents	
		Frequency	Percentage
1.	Low (Up to 12)	25	20.84
2.	Medium (12 to 21)	78	65.00
3.	High (Above 21)	17	14.16
	Total	**120**	**100**

Note-se que do Quadro 13, 65,00 por cento dos inquiridos tinham uma motivação económica média, seguidos por 20,84 por cento dos inquiridos de baixa motivação económica, enquanto 14,16 por cento dos inquiridos tinham uma elevada motivação económica.

4.1.10 Orientação para o risco

A orientação para o risco é descrita como o grau em que um indivíduo está orientado para o risco e incerteza na agricultura e tem coragem para enfrentar o risco na agricultura. Esta é supostamente uma das qualidades importantes para uma gestão eficiente da cultura. Os dados relativos a este aspecto são apresentados no Quadro 14.

Quadro 14: Distribuição dos inquiridos de acordo com a sua orientação para o risco (n=120)

	Category	Respondents	
		Frequency	Percentage
1.	Low (Up to 11)	21	17.50
2.	Medium (11 to 20)	69	57.50
3.	High (Above 20)	30	25.00
	Total	**120**	**100**

Os dados do Quadro 14 revelaram que 57,50% dos inquiridos tinham uma orientação de risco médio, seguidos por 25,00% dos inquiridos tinham uma orientação de risco elevado e 17,50% dos inquiridos tinham uma orientação de risco baixo.

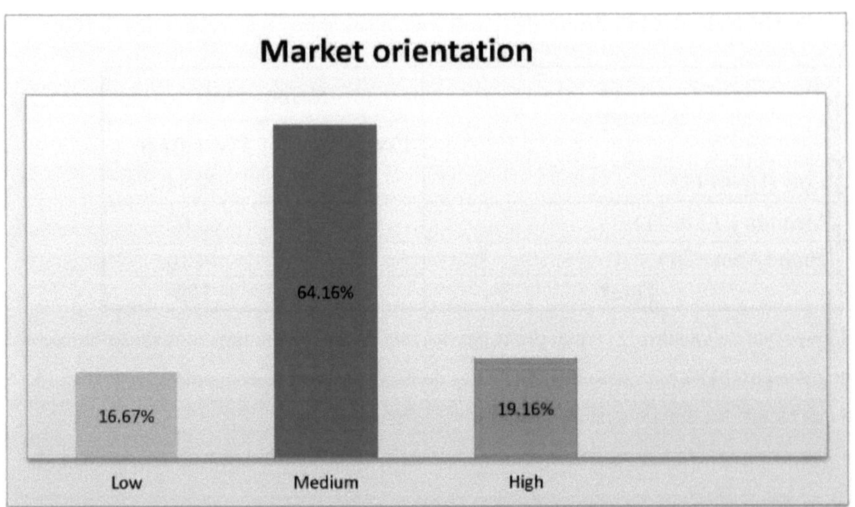

Fig 12: Distribuição dos cultivadores de romãs de acordo com a sua orientação de mercado

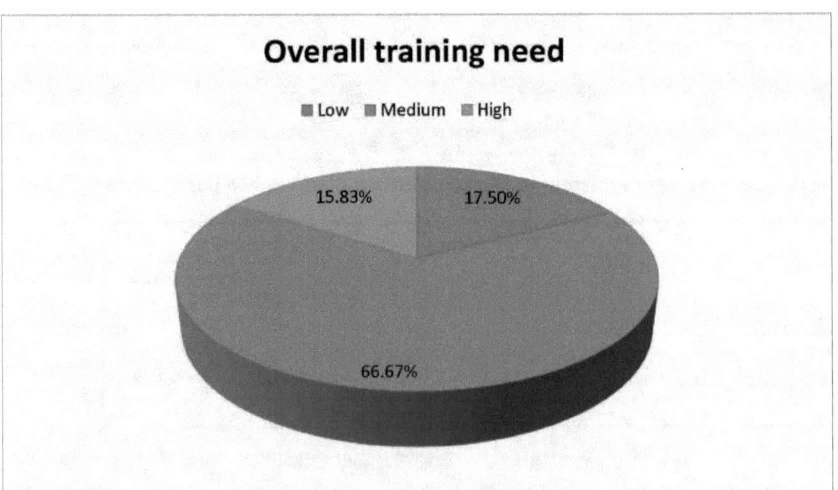

13: Distribuição dos cultivadores de romãs de acordo com as suas necessidades de formação global

4.1.11 Orientação para o mercado

O sentimento ou ponto de referência em relação ao mercado é um traço psicológico que está associado à implementação relacionada com o mercado para gerir o risco por parte dos inquiridos durante o cultivo da romã. É a orientação do produtor de romãs para vários elementos do sistema de comercialização. Isto ajuda os inquiridos a analisar a inteligência de mercado e a dispor de um melhor preço dos produtos. Os dados relativos ao nível de orientação do mercado são apresentados no Quadro 15.

Quadro 15: Distribuição dos inquiridos de acordo com a sua orientação de mercado (n=120)

Sl. No.	Category	Respondents	
		Frequency	Percentage
1.	Low (Up to 17)	20	16.67
2.	Medium (17 to 26)	77	64.16
3.	High (Above 26)	23	19.16
	Total	**120**	**100**

Observa-se no Quadro 15 que mais de dois terços (64,16%) dos produtores de romãs tinham uma orientação de comercialização média, enquanto que 19,16% dos produtores tinham uma orientação de comercialização elevada, seguidos de 16,67% dos produtores com uma orientação de comercialização baixa.

4.2 Conhecimento dos cultivadores de romãs sobre medidas de protecção das plantas

O conhecimento é um aspecto importante para a realização de qualquer trabalho. O nível de conhecimento ajuda dos inquiridos ajuda a planear o futuro programa.

Ao fazer perguntas relacionadas com um tema específico, o nível de conhecimento dos inquiridos foi julgado.

Quadro 16: Distribuição dos inquiridos de acordo com os seus conhecimentos

Sl. No.	Category	Respondents (n=120)	
		Frequency	Percentage
1.	Low (Up to 4)	24	20.00
2.	Medium (4 to 10)	84	70.00
3.	High (Above 10)	12	10.00
	Total	**120**	**100**

Os dados do Quadro 16 indicam que a maioria (70,00%) dos inquiridos foi encontrada com um nível médio de conhecimento e 20,00 por cento deles tinham um baixo nível de conhecimento. Enquanto que 10,00 por cento deles tinham um elevado nível de conhecimento.

4.2.1 Avaliação das necessidades de formação

Foi feita uma tentativa no presente estudo para avaliar as necessidades de formação dos cultivadores de romãs sobre as medidas de protecção das plantas de romãs recomendadas.

Os dados apresentados no Quadro 17 descrevem a distribuição dos produtores de romãs de acordo com as suas necessidades de formação em várias tecnologias de produção recomendadas.

Quadro 17: Distribuição dos produtores de romãs de acordo com as suas necessidades de formação sobre as medidas de protecção das plantas de romãs recomendadas

(n=120)

Sl. No.	Subject of training	Training needs					
		Most important		Important		Less important	
		Freq	Per cent	Freq	Per cent	Freq	Per Cent
1	2	3	4	5	6	7	8
1.	**Preparatory operations**						
i.	Ploughing	24	20.00	68	56.66	28	23.33
ii.	Harrowing	08	06.66	22	18.33	90	75.00
iii.	Furrow layout	45	37.50	42	35.00	33	27.50
iv.	Preparations of pits	32	26.66	65	54.16	23	19.16
2.	**Manure application**	52	43.33	47	39.16	21	17.50
3.	**Selection of variety**						
i.	Disease resistant ability	35	29.16	74	61.66	11	09.16
ii.	Highly yielding	32	26.66	68	56.66	20	16.66
iii.	Water stress resistant	72	60.00	45	37.50	03	02.50
4.	**Planting material**						
i.	Disease resistant	40	33.33	78	65.00	02	01.66
ii.	High germination	57	47.50	32	26.66	31	25.83

iii.	High yielding	46	38.33	34	28.33	40	33.33
5.	**Planting method**						
i.	Furrow method	24	20.00	92	76.66	04	03.33
ii.	Pit method	17	14.16	15	12.50	88	73.33
6.	**Planting time**						
i.	January	54	45.00	50	41.66	16	13.33
ii.	Sept – Oct	58	48.33	24	20.00	38	31.66
7.	**Management of fertilizer**						
i.	Types of chemical fertilizer	55	45.83	53	44.16	12	10.00
ii.	Content of chemical fertilizer	34	28.33	57	47.50	29	24.16
iii.	Method of fertilizer appli.	70	58.33	42	35.00	08	06.66
iv.	Fertilizer dose	92	76.66	11	09.16	17	14.16
8.	**Irrigation management**						
i.	Drip irrigation	98	81.66	22	18.33	00	00.00
ii.	Long Furrow irrigation	33	27.50	53	44.16	34	28.33
iii.	Sub-surface irrigation	38	31.66	42	35.00	40	33.33
9.Selection of rootstock							
i.	Cut method	95	76.16	21	17.50	04	03.33
ii.	Eye bud method	28	23.33	17	14.16	75	62.50
10.	**Growth regulator**						
i.	Indol acetic acid	79	65.83	15	12.50	26	21.66
ii.	Napthalene acetic acid	27	22.50	85	70.83	08	06.66
iii.	Cycoceal	32	26.66	69	57.50	19	15.83
11.	**Disease and pest control**						
i.	Oily spot	60	50.00	40	33.33	20	16.66
ii.	Wilt of pomegranate	83	69.16	32	26.66	05	04.16
iii.	Anar butterfly	22	18.33	24	20.00	74	61.66
iv.	Fruit sucking pest	13	10.83	17	14.16	90	75 .00

4.2.2 Necessidades globais de formação dos produtores de romãs de acordo com as suas necessidades de formação.

É evidente a partir do quadro 17 que a disposição do sulco, aplicação de estrume, resistente ao stress hídrico, variedade resistente a doenças, variedade resistente ao stress hídrico, elevada percentagem de germinação, material de plantação de alto rendimento, tipos de fertilizantes químicos, irrigação por gotejamento, método de corte, ácido acético Indol, doença das manchas oleosas foram encontradas como as áreas mais importantes de necessidades de treino, tal como expresso por 37.50 por cento, 43,33 por cento, 29,16 por cento, 60,00 por cento, 47,50 por cento, 38,33 por cento, 45,83 por cento, 81,66 por cento, 79,16 por cento, 65,83 por cento, 69,16 por cento de inquiridos, respectivamente.

Lavoura, escavação, variedade de alto rendimento, material de plantação resistente a doenças, método de sulco por plantação, tempo de plantio, conteúdo em fertilizante químico, irrigação por sulcos longos, irrigação por raingun, método de botão de olho, regulador de crescimento NAA, mancha oleosa, borboleta anar, foram encontradas áreas importantes de necessidades de formação como preferido por 56.66 por cento, 54,16 por cento, 56,66 por cento, 65,00 por cento, 76,66 por cento, 41,66 por cento, 47,5 por cento, 44,16 por cento, 29,16 por cento, 14,16 por cento, 70,83 por cento, 33,33 por cento, 14,16 por cento de inquiridos, respectivamente.

Os dados também relataram que a área em que a formação foi percebida como menos importante pelos cultivadores de romãs estava em crescimento, método de fertilização, dose de fertilizante, sub-superfície, regulador de crescimento de cicoceal, borboleta anar e ácaros peste foram encontrados como áreas menos importantes de necessidades de formação, conforme expresso por 75,00 por cento, 6,66 por cento, 14,16 por cento, 33,33 por cento, 15,83 por cento, 46,66 por cento, 39,16 por cento de inquiridos, respectivamente.

Quadro 18: Distribuição dos produtores de romãs de acordo com as suas necessidades globais de formação sobre as medidas de protecção das plantas de romãs recomendadas (n=120)

Sl. No.	Category	Respondents	
		Frequency	Percentage
1.	Low (Up to 26)	21	17.50
2.	Medium (26 to 43)	80	66.67
3.	High (Above 43)	19	15.83
	Total	**120**	**100**

No Quadro 18 é revelada a distribuição dos inquiridos de acordo com o seu nível de necessidades de formação. Observou-se que 66,67% dos cultivadores de romãs pertenciam à categoria média, enquanto que 17,50% deles pertenciam à categoria baixa e, por último, 15,83% pertenciam à categoria alta das necessidades de formação em romãs recomendava medidas de protecção das plantas.

4.4 Relação entre perfis de cultivadores de romãs com necessidades de formação sobre medidas recomendadas de protecção das plantas de romãs

4.4.1 Quadro 19: Coeficiente de correlação entre o perfil dos cultivadores de romãs e as necessidades de formação sobre as medidas de protecção das plantas de romãs recomendadas.

Sl. No.	Independent variables	Co-efficient of correlation
1.	Farming experience	0.322**
2.	Education	0.204*
3.	Land holding	0.389**
4.	Area under pomegranate cultivation	0.219*
5.	Annual income	0.254**
6.	Social participation	0.194*
7.	Extension contact	0.205*
8.	Knowledge	0.194*
9.	Economic motivation	0.197*
10.	Risk orientation	0.274*
11.	Market orientation	0.282**

* = Significativo ao nível de probabilidade de 0,05.

** = Significativo ao nível de probabilidade de 0,01.

NS= Não significativo

Pode ser observado no Quadro 14 que Variáveis como, educação, área sob cultivo de romã, participação social, contacto de extensão, conhecimento, motivação económica, orientação para o risco considerada positiva e relação significativa com as necessidades de formação dos cultivadores de romãs sobre as medidas recomendadas de protecção das plantas de romãs a 0,05 por cento de probabilidade. Variáveis como a experiência agrícola, a exploração da terra, o rendimento anual e a orientação para o mercado tiveram uma relação positiva e altamente significativa com as necessidades de formação dos produtores de romãs sobre as medidas de protecção das plantas de romãs recomendadas com uma probabilidade de 0,01%.

4.4.1 Experiência agrícola e necessidades de formação

Os dados do Quadro 19 revelaram que havia uma correlação positiva e significativa entre a experiência agrícola e as necessidades de formação dos produtores de romãs.

4.4.2 Necessidades de educação e formação

Os dados do Quadro 19 observaram que havia uma correlação positiva e significativa entre as necessidades de educação e formação dos cultivadores de romãs.

4.4.3 Necessidades de posse de terras e formação

Os dados do Quadro 19 indicavam que havia uma correlação positiva e significativa entre a posse de terras e as necessidades de formação dos produtores de romãs.

4.4.4 Área sob cultivo de romãs e necessidades de formação

Os dados do Quadro 19 indicavam que havia uma correlação positiva e significativa entre a área cultivada com romã e as necessidades de formação dos produtores de romãs.

4.4.5 Rendimento anual e necessidades de formação

Os dados do Quadro 19 indicavam que havia uma correlação positiva e altamente significativa entre o rendimento anual e as necessidades de formação dos produtores de romãs.

4.4.6 Participação social e necessidades de formação

Os dados do Quadro 19 concluíram que havia uma correlação positiva e significativa entre a participação social e as necessidades de formação dos produtores de romãs.

4.4.7 Extensão das necessidades de contacto e formação

Os dados do Quadro 19 concluíram que havia uma correlação positiva e significativa entre o contacto de extensão e as necessidades de formáco dos produtores de romãs.

4.4.8 Conhecimento

Os dados do Quadro 19 indicavam que havia uma correlação positiva e altamente significativa entre o conhecimento e as necessidades de formação dos produtores de romãs.

4.4.9 Motivação económica e necessidades de formação

Os dados do Quadro 19 indicavam que havia uma correlação positiva e altamente significativa entre a motivação económica e as necessidades de formação dos produtores de romãs.

4.4.10 Orientação para o risco e necessidades de formação

Os dados do Quadro 19 revelaram que havia uma correlação positiva e significativa entre a orientação para o risco e as necessidades de formação dos produtores de romãs.

4.4.11 Orientação para o mercado e necessidades de formação

Os dados do Quadro 19 concluíram que havia uma correlação positiva e significativa entre a orientação de marketing e as necessidades de formação dos produtores de romãs.

4.4.3 Análise de regressão múltipla entre o perfil dos cultivadores de romãs e as suas necessidades de formação.

A análise de regressão múltipla foi realizada para determinar a contribuição de variáveis independentes com necessidades de formação dos produtores de romãs e os dados, assim obtidos, foram fornecidos no Quadro20.

Quadro 20: análise de regressão múltipla entre o perfil do cultivador de romãs e as suas necessidades de formação.

Sl. No.	Variables	Regression Coefficients (B)	Standard Error (SE)	't' value
1.	Farming experience	0.516	0.161	3.195**
2.	Education	0.659	0.580	1.136 NS
3.	Land holding	1.066	0.307	3.464**
4.	Area under pomegranate cultivation	0.066	0.934	0.071 NS
5.	Annual income	-0.301	1.172	-0.257 NS
6.	Social participation	0.535	0.3701	1.446 NS
7.	Extension contact	0.237	0.140	1.690 NS
8.	Knowledge	-0.112	0.230	-0.489 NS
9.	Economic motivation	-0.119	0.172	-0.692 NS
10.	Risk orientation	-0.100	0.182	-0.549 NS
11.	Market orientation	0.367	0.145	2.526*

$R2 = 0.317$

$F = 4.571$

* Significativo ao nível de probabilidade de 0,05.

** Significativo ao nível de 0,01 de probabilidade.

NS= não significante.

Pode observar-se no Quadro 20 que o coeficiente de determinação (R2) das variáveis independentes foi de 0,317. Isto significa que 31,70 por cento da variação total das necessidades de formação do produtor de romãs foi explicada pelas 11 variáveis independentes seleccionadas. Os restantes 68,30 por cento das necessidades de formação permaneceram por explicar e podem ser identificados por outras variáveis independentes. A experiência agrícola, a exploração da terra e a orientação para o mercado foram as variáveis que mais contribuíram para as necessidades de formação dos produtores de romãs sobre as medidas de protecção das plantas.

4.5 Sugestões dos produtores de romãs sobre os programas de formação

Quadro 21: Distribuição dos produtores de romãs com base nas suas sugestões sobre os programas de formação

Sl. No.	Category	Frequency	Percentage
A)	**Duration of Training**		
1.	One week	78	66.66
2.	Two weeks	18	15.00
3.	Three weeks	13	10.83
4.	One month	11	07.50
B)	**Place of Training**		
1.	Own village	92	76.66
2.	At tahsil	18	15.00
3.	At District	07	05.84
4.	Agriculture University	03	02.50
C)	**Season and Time of Training**		
1.	**During Kharif season**		
i.	Morning	13	10.83
ii.	Evening	15	12.50
	Total	**28**	**23.33**
2.	**During Rabi season**		
i.	Morning	24	20.00
ii.	Evening	16	13.33
	Total	**40**	**33.33**
3.	**During Summer season**		
i.	Morning	32	26.67
ii.	Evening	20	16.67
	Total	**52**	**43.34**
D)	**Language to be used in training**		
i.	Marathi	110	91.66
ii.	Hindi	10	08.33

O Quadro 21 revela que a maioria dos produtores de romãs 66,66 por cento expressaram ter uma semana de formação enquanto 15,00 por cento dos produtores preferiram duas semanas de formação seguidas de 10,84 por cento e 7,5 por cento dos produtores desejavam três semanas e um mês de formação, respectivamente. Relativamente ao local de formação, a maioria 76,66% dos produtores expressou a sua própria aldeia como local de formação, enquanto que 15,00% dos produtores preferiram Tahsil, enquanto que 5,83 por cento dos produtores preferiram a nível distrital e 2,5 por cento deles preferiram a Universidade de Agricultura como local de formação.

Também ficou claro na tabela que uma percentagem significativa de 43,34 por cento dos produtores de romãs preferiam a época de Verão para treino, enquanto que 33,33 por cento dos produtores expressaram a época de Rabi para treino seguido de 23,33 por cento dos produtores expressaram a época de Kharif para treino.

Relativamente à língua a ser utilizada no programa de formação, quase todos os 91,66% dos cultivadores de romãs preferiam Marati e 8,33% preferiam a língua hindi do programa de formação.

CAPÍTULO 5

DISCUSSÃO

O estudo foi realizado com uma ampla visão para estudar as necessidades de formação dos cultivadores de romãs sobre medidas de protecção das plantas. O capítulo trata da discussão dos resultados à luz da apresentação da investigação sob as seguintes cabeças.

5.1   Perfil dos cultivadores de romãs.

5.2   Conhecimento dos cultivadores de romãs sobre medidas de protecção das plantas.

5.3   Necessidades de formação dos produtores de romãs sobre medidas de protecção das plantas.

5.4   Relação entre o perfil dos cultivadores de romãs e as necessidades de formação sobre medidas de protecção das plantas.

5.5   Sugestões dos produtores de romãs sobre medidas de protecção das plantas.

5.1   Perfil dos cultivadores de romãs

5.1.1   Experiência agrícola

O Quadro 5 indica que a maioria (57,50%) dos cultivadores de romãs tinha uma experiência agrícola média, enquanto 23,33% dos cultivadores tinham uma experiência agrícola elevada, enquanto 19,17% deles se encontravam na categoria de experiência agrícola baixa. Os resultados parecem demasiado óbvios que mais a experiência em qualquer ocupação melhoram o conhecimento e o domínio sobre as competências. Assim, pode-se observar que 80,80 por cento dos cultivadores de romãs têm mais de 16 anos de experiência no cultivo da romã.

Esta descoberta estava mais ou menos em conformidade com as descobertas relatadas por Waghmare (2010) e Jamadar (2012).

5.1.2   Educação

Os dados do Quadro 6 mostram claramente que 32,50% dos cultivadores foram educados até ao nível do ensino secundário, 26,67% foram educados até ao nível escolar superior, enquanto 17,50% foram educados até ao nível do ensino primário e 13,34% dos cultivadores de romãs foram educados até ao nível do diploma ou graduação ou pós-graduação. 5,84% dos cultivadores de romãs só sabem ler e escrever, enquanto que 4,17% dos cultivadores de romãs eram analfabetos.

Dos factos acima referidos, pode concluir-se que os 90,01 por cento de agricultores bastante instruídos estavam envolvidos no cultivo da romã. A gestão do cultivo da romãzeira é uma prática tão hábil, em que a pessoa precisa de conhecer coisas técnicas relacionadas com as práticas de gestão, inteligência de mercado e muitos outros aspectos técnicos. A educação formal ajuda-os a ter contactos com diferentes agências de investigação e extensão para recolher informação sobre a gestão no cultivo da romãzeira. Esta pode ser a razão de um maior envolvimento de agricultores instruídos no cultivo da romã.

Esta descoberta foi apoiada por Hadole (2000), Jamadar (2015).

5.1.3 Exploração de terras

Viu-se pelo Quadro 7 que em mais de um terço (35,83%) dos casos os produtores de romãs vêm em terras semi-médias, seguidos por aqueles com média 29,16%, pequena 25,16% e grande 10,83% de superfície de terra.

Isto poderia ser atribuído às aspirações mais elevadas dos pequenos agricultores de ganhar mais com as suas terras e, assim, elevar o seu estatuto económico.

Esta descoberta foi apoiada por Nagaraja (2002), Jamadar (2015).

5.1.4 Área sob cultivo de romãs

Os dados do Quadro 8 mostram claramente que uma percentagem mais elevada (40,00%) de romãzeiros foram encontrados em área média na categoria de cultivo de romã, 38,34% em pequena área na categoria de cultivo de romã, enquanto 21,67% de romãzeiros foram encontrados em grande área na categoria de cultivo de romã.

O resultado indica que a grande maioria (78,34%) dos inquiridos estava com terras de pequena a média dimensão cultivadas com romãs. A razão provável pode ser que, considerando o elevado investimento e risco envolvido na fase inicial, os agricultores possam ter preferido começar com a exploração de terras de pequena dimensão.

Esta descoberta foi apoiada por Kolte (1992) e Kopnar (1994).

5.1.5 Rendimento anual

Observa-se no Quadro 9 que 46,67% dos produtores de romãs tinham um rendimento anual médio (Rs 1,50,000 a 2,00,000) seguido de 32,50% e 20,84% tinham um rendimento anual baixo (até Rs 1,50,000) e alto (Rs 3,00,000 e acima), respectivamente.

Dos resultados acima referidos, pode-se inferir que mais de três quartos (79,17%) dos inquiridos tinham Rs até 3 lakh de rendimentos anuais de romã. Isto podia ser atribuído à sua área sob romã, exploração de terras e produção. Muitas vezes têm de vender os seus produtos apenas no mercado local. Os preços de mercado são flutuantes e os preços mínimos de apoio não são declarados pelo governo. Assim, os agricultores têm de vender os seus produtos ao preço prevalecente nessa altura. Por vezes, devido a algum efeito residual, os contentores de romã foram rejeitados pelas agências de exportação. Devido a isto também, os agricultores não recebiam os rendimentos suficientes dos seus produtos.

Esta descoberta foi apoiada por Kumbhar (2003), Ingale (2003).

5.1.6 Participação social

Observa-se no Quadro 10 que 40,83 por cento dos produtores de romãs tinham uma baixa participação social, enquanto 33,34 por cento tinham uma alta participação social e 25,83 por cento deles encontravam-se na categoria de participação social média.

O resultado indica que quase três quinto (59,17%) cultivadores de romãs tiveram uma participação social média a elevada. Quase dois quintos dos inquiridos tiveram uma baixa participação social porque só estão envolvidos no seu trabalho.

Esta descoberta foi apoiada por Kumbhar (2003), Jamadar (2015).

5.1.7 Contacto de extensão

Os dados do Quadro 11 indicam que quase três quintos (58,33%) dos inquiridos tiveram um nível médio de contacto de extensão e 26,67% tiveram um baixo contacto de extensão. Enquanto que 15,00 por cento deles tiveram um elevado contacto de extensão.

Três quartos dos cultivadores de romãs tiveram contacto de média a alta extensão. A razão pode ser que para obter informações sobre diferentes esquemas e programas, os produtores de romãs podem estar a contactar frequentemente os extensionistas, podendo estar sempre disponíveis na sua localidade.

Conclusões semelhantes são apoiadas por Surywanshi, (2014), Jamadar (2015).

5.1.8 Conhecimento

Os dados do Quadro 12 indicam que a maioria (70,00%) dos inquiridos foi encontrada com um nível médio de conhecimento e 20,00 por cento deles tinham pouco conhecimento. Enquanto que 10,00 por cento deles tiveram um elevado contacto de extensão.

A partir de informações acima, é evidente que quase quatro quintos dos produtores de romãs tinham conhecimentos médios a elevados. Pode ser devido ao cultivo de culturas fruteiras consistir em vários aspectos técnicos. Devem ser necessários conhecimentos adequados para realizar qualquer operação.

Esta descoberta foi apoiada por Kumbhar (2003), Ingale (2003).

5.1.9 Motivação económica

Nota-se no Quadro 13 que 65,00 por cento dos inquiridos tinham uma motivação económica média, seguidos por 20,84 por cento dos inquiridos da região tinham uma motivação económica elevada, enquanto 14,16 por cento dos inquiridos tinham uma motivação económica baixa.

Pode concluir-se da conclusão acima referida que a grande maioria dos inquiridos tinha um nível médio a elevado de motivação económica. Pode dizer-se que os inquiridos atribuíram um valor relativamente elevado ao sucesso da gestão do cultivo da romãzeira em termos de maximização do lucro. Isto significa que os inquiridos estavam bem convencidos da importância das boas práticas de gestão no cultivo da romãzeira para receber maiores retornos económicos. O elevado grau de

6.3   Avaliação das necessidades de formação

A maioria dos cultivadores de romãs tinha necessidades de treino sobre a disposição dos sulcos, aplicação de estrume, variedade resistente ao stress hídrico, variedade resistente a doenças, variedade resistente ao stress hídrico, elevada percentagem de germinação, plantação de alto rendimento, tipos de fertilizantes químicos, irrigação por gotejamento, método de corte, ácido acético Indol, doença do oídio foram encontrados como as áreas mais importantes de necessidades de treino expressas por 37.50 por cento, 43,33 por cento, 29,16 por cento, 60,00 por cento, 47,50 por cento, 38,33 por cento, 45,83 por cento, 81,66 por cento, 79,16 por cento, 65,83 por cento, 69,16 por cento de inquiridos, respectivamente.

Ao avaliar as necessidades de formação em diferentes áreas de protecção de romãs, as necessidades de formação mais importantes percebidas pela maioria dos cultivadores de romãs foram observadas na necessidade de aplicação de estrume, variedade resistente ao stress hídrico, variedade resistente a doenças, variedade resistente ao stress hídrico, elevada percentagem de germinação, plantação de alto rendimento, tipos de fertilizantes químicos, irrigação por gotejamento, método de corte, ácido acético Indol, doença das manchas oleosas.

Enquanto, as necessidades de formação consideradas importantes pelo produtor de romãs nas áreas foram a lavoura, escavação, variedade de alto rendimento, material de plantação resistente a doenças, método de plantação por sulco, tempo de plantação, conteúdo em fertilizante químico, irrigação por sulcos longos, irrigação por pistola de chuva, método de botão de olho, regulador de crescimento NAA, borboleta anar, praga sugadora de frutos.

Em relação aos métodos de gradagem, método de fertilização, dose de fertilizante, sub-superfície, regulador de crescimento de cicoceal, *afídeos* e ácaros foram encontrados como sendo áreas menos importantes de necessidades de formação. A maioria dos cultivadores de romãs 66,67 por cento encontrava-se em nível médio de necessidades de treino seguido de baixo e alto.

6.4   A relação de variáveis independentes com as necessidades de formação de cerca de medidas de protecção das plantas de romãs recomendadas

1.   A experiência agrícola e as necessidades de formação dos cultivadores de romãs tinham uma correlação positiva e altamente significativa.

2.   As necessidades de educação e formação dos cultivadores de romãs tinham sido uma correlação positiva e significativa entre si.

3.   As necessidades de posse e formação dos produtores de romãs tinham uma correlação positiva e altamente significativa.

4.   Foi observada uma correlação positiva e significativa entre a área cultivada com romãs e as necessidades de formação dos produtores de romãs.

5. Foi observada uma correlação positiva e altamente significativa entre o rendimento anual e as necessidades de formação dos produtores de romãs.

6. A participação social e as necessidades de formação dos produtores de romãs tinham uma correlação positiva e significativa.

7. As necessidades de extensão de contacto e formação dos produtores de romãs tinham uma correlação positiva e significativa.

8. O conhecimento foi uma correlação positiva e altamente significativa com as necessidades de formação dos cultivadores de romãs.

9. A motivação económica e as necessidades de formação dos produtores de romãs tinham uma correlação positiva e altamente significativa.

10. A orientação para o risco e as necessidades de formação dos cultivadores de romãs tinham uma correlação positiva e significativa.

11. A orientação de marketing e as necessidades de formação dos produtores de romãs tinham uma correlação positiva e altamente significativa.

Observou-se que a variável independente, nomeadamente educação, área sob cultivo de romã, anulação de rendimento, participação social, contacto de extensão, conhecimento, motivação económica e orientação para o risco tinha uma relação positiva e significativa com as necessidades de formação dos cultivadores de romãs sobre medidas de protecção das plantas.

As variáveis nomeadamente a experiência agrícola, a exploração da terra e a orientação comercial tiveram uma relação positiva e significativa com as necessidades de formação dos produtores de romãs sobre medidas de protecção das plantas.

6.5 Análise de regressão múltipla dos cultivadores de romãs sobre medidas de protecção das plantas.

A análise de regressão fornece valores estimados das variáveis dependentes a partir das variáveis independentes. Avalia a preparação da variância nas variáveis dependentes que foi contabilizada pela equação de regressão. Em geral, o maior valor do quadrado R é melhor a equação de regressão de ajuste e mais útil do dispositivo preditivo a partir dos resultados. Foi revelado que as variáveis independentes seleccionadas explicaram a variação das necessidades de formação dos cultivadores de romãs sobre medidas de protecção das plantas até 31,70 por cento, o que indica que grande parte das necessidades de formação explicadas pelas variáveis seleccionadas.

Observou-se, com base na experiência da agricultura de dados, que a exploração de terras contribuiu de forma muito significativa para a variação. Outra orientação variável do mercado foi considerada positiva e significativa na variação.

Educação, área sob cultivo de romã, participação social, contacto de extensão contribuiu positivamente mas não significativo na variação e nas variáveis como rendimento anual, conhecimento, motivação económica, orientação para o risco de forma negativa e não significativa na variação.

6.6 Sugestões dos produtores de romãs sobre o programa de formação.

Foi revelado que 66,66% dos cultivadores de romãs preferiam uma semana de formação e a maioria (76,66%) deles expressou ter a sua própria aldeia como local de formação. Mais de dois quintos (43,34%) do cultivador de romãs preferiam a estação do verão para treino e a maioria (91,66%) do cultivador de romãs queria treino na língua Marathi.

Conclusão

Este estudo fornece-nos o perfil dos cultivadores de romãs. Eram da categoria de experiência agrícola média, a maioria dos cultivadores de romãs eram instruídos até ao nível do ensino secundário e tinham uma exploração agrícola média a semi-média. A maioria dos romãzeiros tinha uma área média sob cultivo de romãs. A maioria dos inquiridos pertencia à categoria média do rendimento anual. A maioria dos romãzeiros tinha uma baixa participação social e a maioria deles tinha um contacto de extensão média também tinha um conhecimento médio sobre medidas de protecção das plantas. A maioria dos inquiridos tinha uma motivação económica média e orientação para o risco. A maioria dos inquiridos tinha um nível médio de orientação para o mercado.

A maioria dos cultivadores de romãs expressou um nível médio de necessidades de treino na disposição dos sulcos, aplicação de estrume, gestão do stress hídrico, variedade resistente a doenças, controlo de pragas, gestão de distúrbios fisiológicos, método de plantação, tempo de plantação, método de aplicação de fertilizantes, dose de fertilizantes e irrigação por gotejamento.

CAPÍTULO 7

IMPLICAÇÕES

A presente investigação, intitulada "Necessidades de formação dos cultivadores de romãs sobre medidas de protecção das plantas", trouxe à luz certos resultados.

Com base nas conclusões do estudo, podem ser extraídas as seguintes implicações para a implementação eficaz de programas de formação sobre medidas de protecção das plantas recomendadas para a romãzeira.

Os resultados da presente investigação seriam úteis para os planificadores, administradores, extensionistas e investigadores, a fim de desenvolver uma estratégia futura para explorar as potencialidades dos produtores de romãs para uma utilização eficaz das medidas de protecção das plantas recomendadas para a romã.

1.   O estudo indicou um perfil específico dos produtores de romãs e o seu nível de necessidades de formação para a produção de romãs no futuro, levando a considerar estes factores ao mesmo tempo que organizava os programas de formação sobre medidas de protecção das plantas de romãs.

2.   Observou-se que um maior número de agricultores utiliza métodos tradicionais de cultivo da romã e que há falta de informação sobre doenças, pragas e distúrbios fisiológicos devido à falta de conhecimento. Os resultados deste estudo serão úteis na organização de um programa de formação sobre medidas de protecção das plantas de romãzeira.

3.   Notou-se que a majestade dos inquiridos percebeu o grau de importância superlativo da disposição do sulco, aplicação de estrume, variedade de stress hídrico, variedade de alta germinação, plantação de alto rendimento, tipos de fertilizante químico, método de irrigação por gotejamento, método de corte, Regulador de crescimento IAA, lavoura, escavação, variedade de alto rendimento, plantação resistente a doenças, método de sulco, tempo de plantio, conteúdo em fertilizante químico, método de irrigação por sulco longo, método de irrigação por pistola de chuva, método de botão de olho, regulador de crescimento NAA, mancha oleosa, doença da murcha e praga. Por conseguinte, estes aspectos podem ter prioridade na organização de um programa de formação no futuro.

4.   Observou-se também que a maioria dos inquiridos preferia uma formação de uma semana. Isto poderia ser devido a comparativamente menos tempo disponível para os agricultores participarem em programas de formação. Além disso, a maioria dos produtores de romãs preferia formação na sua própria aldeia em vez de outros locais. Isto pode dever-se aos seus compromissos em operações de campo, bem como, a alguns

Os inquiridos têm problemas financeiros e outros problemas familiares. Do mesmo modo, a maioria dos inquiridos queria formação, particularmente na época de Verão e utilizando a língua materna na formação, porque nesse período têm muito tempo ou nenhum trabalho no terreno. Assim, os organizadores de programas de formação podem dar ênfase a estas preferências enquanto realizam programas de formação para as tornar mais úteis.

5.   Outro aspecto importante observado no estudo é que muito poucos agricultores têm informações sobre

produtos de valor acrescentado de romã. Este deve ser também um factor importante durante a organização da formação.

Sugestões para investigação futura:

À luz dos resultados do estudo, são feitas as seguintes sugestões para investigações futuras:

1.   O estudo foi realizado sob certas limitações de tempo e recursos disponíveis com o investigador, cobrindo apenas um distrito de Maharashtra. É verdade que a conclusão de um único estudo não é adequada para fazer qualquer conclusão generalizada. Portanto, é necessário replicar o mesmo estudo em outros distritos do Estado.

2.   Poderá ser realizado um estudo comparativo das medidas de protecção das plantas dos agricultores envolvidos em diferentes empresas, tais como avicultura e lacticínios, outras culturas comerciais de rendimento, bem como floricultura, etc.

3.   Tipo semelhante de estudos pode ser realizado com as variáveis que não foram incluídas neste estudo.

LITERATURA CITADA

Ahire, R.D. e Shinde, V.G. 2002. Lacuna tecnológica no cultivo da romã. Research Review committee Social Science subcommittee report of the Department of Extension Education VNMKV, Parbhani, e Submitted to research review committee social science subcommittee.

Ankush, G.S. e Kolgane, B.T. 2008. As razões para a adopção da tecnologia recomendada na comissão de análise da investigação sobre o cultivo da uva apresentam o relatório do Departamento de Ciências Sociais. Extensão Educação VNMKV, Parbhani. Submetido ao comité de revisão de investigação da comissão de ciências sociais.

Anónimo, 2001. Um estudo dos cultivadores de romãs do distrito de Nashik com problemas especiais de costas e de comercialização da romã. Um relatório conjunto AGRESCO apresentado pela Escola Superior de Agricultura, Dhule.

Anónimo, 2002. Lacuna tecnológica no cultivo da romã. Relatório AGRESCO do departamento de Extensão Agrícola, MPKV, Rahuri. Apresentado pela Faculdade de Agricultura, Pune. (M.S.).

Aunndhkar, R.S., A.N. Deshmukh, S.G. Tale and P.P. Shinde., 2013. Um estudo sobre a adopção de tecnologias de irrigação por gotejamento pelo produtor de laranja doce, bazar de Chandur, distrito de Amravati (MS). *Agric. Actualização 2(4):620-622.*

Bedre, V.S. 2009. Conhecimento da adopção do pacote de práticas recomendadas pelos cultivadores de romãs. M.Sc. (Agri.) Tese VNMKV, Parbhani. (M.S.).

Bhosale, 2004. Conhecimento e adopção da tecnologia pós-colheita pelos cultivadores de romãs em Sangola Tashshil do distrito de Solapur. Tese M.Sc. (Agri.), MPKV, Rahuri. (M.S.).

Chiranthan, G. 2013. Necessidades de formação de citrinos em tecnologia de cultivo. *Revista de investigação indiana. Extn.Edu. 13 (4):122-125.*

Chwang, J.K. e K.K. Jha 2010. Necessidades de formação de cultivador de arroz em Nagaland. *Revista de investigação indiana Extn. edu.* **10**(1):156-158.

Darade, N.W. 2010. Necessidades de formação de comerciantes de insumos agrícolas para a transferência de tecnologia agrícola no distrito de Latur. M.Sc. (Agri.) Faculdade de Tese de Agricultura, Latur, VNMKV, Parbhani (M.S.).

Deshmukh, B.A. 2013. Conhecimento e adopção de medidas de protecção de plantas pelos cultivadores de romãs em Maharashtra ocidental, tese de doutoramento (Agri.), MPKV, Rahuri. (M.S.).

Deshpande, P.V. e Deshpande, H. K., 2002. Lacuna tecnológica no cultivo da romã. Research Review committee Social Science subcommittee report of the Department of Extension Education VNMKV, Parbhani. Submetido ao comité de análise de investigação da subcomissão de ciências sociais.

Gaikwad, J.H. e P.G. Khalache 2010. Trabalhar sobre uma lacuna tecnológica uma questão emergente na transferência de tecnologia de produção de maçã creme. Purandar dist. Pune. *Agric. Actualização 5(3&4):417-420.*

Ghodeswar, N.A. 2006. Conhecimento e adopção da tecnologia recomendada pré e pós-colheita no cultivo da romã. Tese M.Sc. (Agri.), VNMKV, Parbhani. (M.S.).

Hipperkar, B.G. 2015. Comportamento empresarial do cultivador de romãs no distrito de Aurangabad. M.Sc. (Agri.) Tese VNMKV, Parbhani.

Howl, A.A., Khalache P.G., Sonawane H.P. 2009. Um estudo sobre os atributos e restrições dos cultivadores de romãs de solapur dist. (MH). *Agric. Update 4(3&4):282-284.*

Ingale, P. H. 2003. Adopção do pacote recomendado de práticas de cultivo de ber em Sangola tahsil do distrito de Solapur. Tese M. Sc. (Agri.), MPKV, Rahuri. (M.S.).

Jamadar, C.R. 2012. Necessidades de formação dos produtores de cana-de-açúcar sobre a tecnologia de produção recomendada. Tese M.Sc. (Agri.), VNMKV, Parbhani. (M.S.).

Jamadar, K.C. 2015. Necessidades de formação de viticultores no distrito de Osmanabad Tese M.Sc. (Agri.), VNMKV, Parbhani. (M.S.).

Kachare, V.S. 2012. Estudo sobre o fosso de adopção nas práticas de produção de laranja doce M.Sc. (Agri.) Tese, VNMKV, Parbhani. (M.S.).

Kadam, R.P. 2003. Um estudo sobre as necessidades de formação das mulheres agricultoras em tecnologia seleccionada de ciência doméstica. M. Sc. (Agri.) Tese, VNMKV, Parbhani. (M.S.).

Kardak, V.N., N.V. Kashid., M.S. Kable 2009. Conhecimento e adopção da tecnologia de produção de soja pelos agricultores da região de vidarbha em Maharashtra *Ind. J.Extn.* 4(3&4):229-231.

Katkar,V. J. 2001. Um estudo de adopção da tecnologia de produção de manga em Akole tahsil do distrito de Ahmednagar. Tese M. Sc. (Agri.), MPKV, Rahuri. (M.S.).

Kesarkar, S. 2010. Cultivo da castanha de caju no estado de Goa, com especial referência às práticas de cultivo orgânico. Tese de doutoramento (Agri.) apresentada ao Dr. BSKKV, Dapoli. Dist. Ratnagiri (M.S.).

Khaire, P. R. 2005. Necessidades de formação dos produtores de figos no distrito de Pune. Tese de Mestrado (Agri.) submetida a MPKV, Rahuri. (M.S.).

Khandare, K.A. 2002. Um estudo sobre as necessidades de formação do viticultor sobre as medidas de protecção das plantas tese M.Sc. (Agri.), VNMKV,Parbhani. (M.S.).

Kharade, D.P. 2003. Conhecimento e adopção da tecnologia pós-colheita pelos viticultores do Tasgaon tahsil do distrito de Sangali. M.Sc. (Agri.), Tese, Submetida a MPKV, Rahuri. (M.S.).

Kulhal, S. K. 2004. Adopção de práticas recomendadas de cultivo de goiabas por cultivadores de goiabas de Haveli taluka do distrito de Pune. Tese de Mestrado (Agri.), MPKV, Rahuri (M.S.).

Kumbhar,V. B. 2003. Necessidades de formação dos produtores de chilli M.Sc. (Agri.) Thesis, VNMKV, Parbhani (M.S.).

Mane, B.G., 2010. Adopção de variedades melhoradas de castanha de caju. *Asian J. of Extn. Edn.* 23(2):174- 177.

Mandavkar, P.M., Kokate, K.D. e Rangwala, A.D. 2004. Adopção de variedades melhoradas de castanha de caju. *Asian J. of Extn. Edn.* 23(3):194-197.

Moulasab, I., Jahagirdar, K.A., Hirevenkangoudar e Chandargi, D.M. 2006. Um estudo sobre o nível de conhecimento das melhores práticas de cultivo por parte dos produtores de manga do Norte de Karnataka. *Karnataka J. Agri. Sci.* **19**(2):435-436.

Manpadlekar, A. P. 2006. Necessidades de formação de mulheres agricultoras em Tur (Pigeon pea) Production technology M.Sc. (Agri.) Thesis VNMKV, Parbhani. (M.S.).

Mote, T.S e D.W.Wadnerkar 2009. Necessidades de formação de produtores de bananas no Distrito de Hongoli de Maharashtra *Agric. Actualização, Agosto-Novembro de 2009,* (**4**): 266-269.

Nagesh, 2006. Adopção de práticas de cultivo recomendadas de ber no distrito de solapur M.Sc. (Agri.) tese MPKV Rahuri. (M.S.).

Nemade, 2007. Conhecimento e adopção da prática recomendada e da tecnologia pós-colheita no cultivo da manga. M. Sc. (Agri.) Tese VNMKV,Parbhani. (M.S.).

Patel, S.R. 2006. Um estudo sobre a eficiência de gestão dos produtores de aonla dos distritos de Anand e Kheda do estado de Gujarat. Tese de doutoramento (Agri.), AAU, Anand.

Patil, S.S. 2004. Estudo sobre as necessidades de formação dos proprietários de centros Agro-serviços no distrito de Parbhani. M.Sc. (Agri.), tese, VNMKV, Parbhani. (M.S.).

Rajesh, 2011. Uma Escala para Medir a Atitude dos Agricultores face às Medidas de Bio-Controlo de Protecção das Plantas. Tese de Mestrado (Agri.), AAU, Anand.

Rajput, H.P., Supe, S.V., Chinchmaltpur, U.R. 2007. Os agricultores precisam de formação BT. Tecnologia do algodão. *Ind.J. Extn. Edu.* **7**(1):320-323.

Rajput, R D 2007. Conhecimento e adopção de melhores práticas de criação de gado pelos proprietários de gado. Tese M.Sc. (Agri.) VNMKV, Parbhani. (M.S.).

Rathod, D. N. 2005. Um estudo sobre o conhecimento e padrão de adopção de práticas melhoradas de cana-de-açúcar no distrito de Bidar, Tese M. Sc. (Agri.) do estado de Karnataka, Universidade de Ciências Agrícolas, Dharwad.

Raut, P.N. 2006. Restrições de produção do cultivo da laranja no distrito de Nagpur de Maharashtra. *Asiático J. Ext. Edu.,* **25** (1&2):1-4.

Satale, R.A. 2005. Necessidades de formação dos produtores de manga no que diz respeito às práticas de gestão pós-colheita. Tese de Mestrado (Agri.), Dr. BSKKV, Dapoli. (M.S.).

Sasane, 2011. Necessidades de formação dos produtores de limão. Tese de Mestrado (Agri.) MPKV, Rahuri. (M.S.).

Sawale, S.V. 2011. Conhecimento e adopção da tecnologia pós-colheita pelos produtores de romãs M.Sc. (Agri.) Tese submetida à VNMKV, Parbhani. (M.S.).

Sawant, M. S. 2002. Um estudo sobre a adopção da tecnologia de produção de curcuma no distrito de Satara. M. Sc. (Agri.) tese submetida a MPKV, Rahuri. (M.S.).

Shakya, M.S., M. M.Patel e V.B.Singh 2008. Nível de conhecimento dos produtores de grão de bico sobre a tecnologia de produção de grão de bico *Ind.J.Extn. Edu.* **11**(2&3).

Sharma, O.P. e B. M.Sharma 2005. Necessidades de formação de Oficiais Assistentes de Agricultura *Raj. J. Extn. Educ.* **4**(12):50-55.

Shinde, R. N. 2005. Avaliação das necessidades de formação em tecnologia pós-colheita Tese M.Sc. (Agri.), VNMKV, Pharbhani (M.S.).

Suryawanshi, S. S. 2014. Necessidades de formação de comerciantes de insumos agrícolas em transferência de tecnologia agrícola, Tese M.Sc. (Agri.), VNMKV,Parbhani. (M.S.).

Todmal, S.B. 2009. Necessidades de formação de membro do grupo de auto-ajuda sobre gestão de cabras M.Sc. (Agri.) Tese, VNMKV,Parbhani, (M.S.).

Trivedi, M. K. 2009. Práticas de gestão de crises adoptadas no cultivo do cominho pelos agricultores do Norte de Gujrat. Tese de doutoramento (Agri.), a escola de Ciências Agrárias, YCMOU, Nashik, Maharashtra.

Waghmare, O.R. 2010. Necessidades de formação dos produtores de laranja doce. M.Sc. (Agri.) Tese VNMKV,Parbhani. (M.S.).

Waghmode, Y.J. 2012. Necessidades de formação de comerciantes de insumos agrícolas na transferência de tecnologia agrícola no Distrito de Ratnagiri Tese de tese Dr. BSKKV, Dapoli (M.S.).

ESTE ABSRATO

NECESSIDADES DE FORMAÇÃO DOS PRODUTORES DE ROMÃS SOBRE MEDIDAS DE PROTECÇÃO DAS PLANTAS

Nome do aluno: Pujari P.P.　　　　**Guia de Investigação: Dr. J.M. Deshmukh**

Reg. No.: 2014/A/80/ML　　　　　　　　**(Assit. Professor)**

Grau: M.Sc. (Agri.)　　　　　　**Tema principal:　Educação de Extensão**

O presente estudo foi realizado em Renapur, Udgir e Ausa tahsils do distrito de Latur da região de Marathwada no estado de Maharashtra, com o objectivo de descobrir as necessidades de formação dos produtores de romãs sobre medidas de protecção das plantas. Quatro aldeias de cada tahsil foram seleccionadas propositadamente. No total, foram seleccionadas doze aldeias para estudo de investigação. Dez respondentes de cada aldeia foram seleccionados aleatoriamente para formar uma amostra de 120 respondentes. Foi adoptado para este estudo um breve método de estudo de caso de concepção de investigação ex-post-facto médio.

A maioria (57,50%) dos inquiridos pertenciam à categoria de experiência agrícola média, 59,17% foram educados até ao nível secundário superior, 64,18% pertenciam à categoria de exploração agrícola média e semi-média, 78,34% tinham uma área pequena a média sob cultivo de romã, 46.67 por cento deles tinham um rendimento anual médio, 40,83 por cento tinham baixa participação social, 58,33 por cento tinham contacto de extensão média, 70,00 por cento dos inquiridos tinham um nível de conhecimento médio, 65,00 por cento tinham uma motivação económica média, 57,50 por cento tinham uma orientação de risco média e 64,16 por cento tinham uma orientação de mercado média.

Os mais de três quintos (66,67%) dos inquiridos situavam-se na categoria média das necessidades globais de formação, seguidos por 17,50% e 15,83% dos inquiridos situavam-se na categoria baixa e alta das necessidades globais de formação sobre medidas de protecção das plantas, respectivamente.

A maioria dos cultivadores de romãs expressou as necessidades de formação nas áreas de cultivo de romãs medidas de protecção das plantas como a disposição dos sulcos, aplicação de estrume, capacidade de resistência a doenças, resistência ao stress hídrico, elevada percentagem de germinação, alto rendimento, tipos de produtos químicos
fertilizante, método de corte, regulador de crescimento IAA, o oídio, etc. são os mais importantes. Por conseguinte, estes aspectos podem ter prioridade durante a organização dos programas de formação sobre medidas de protecção das plantas de romãs.

Observou-se que variáveis independentes como educação, área sob cultivo da romã, rendimento anual, participação social, contacto de extensão, conhecimento, orientação para o risco, dos inquiridos tinham uma relação positiva e significativa com as necessidades de formação sobre as medidas de protecção das plantas recomendadas. Enquanto a experiência agrícola, a exploração da terra, a orientação de mercado e a motivação económica dos inquiridos estavam a ter uma relação positiva e altamente significativa com as necessidades de formação sobre as medidas de protecção das plantas recomendadas.

Notou-se que 66,66% dos inquiridos queriam formação durante um período de uma semana, 76,66% deles preferiam a sua própria aldeia como local de formação, 43,34% deles expressaram ter formação na época de Verão, enquanto, 91,66% dos inquiridos preferiam Marathi como língua para transmitir conhecimentos no programa de formação.

Assim, poder-se-ia concluir que a maioria dos inquiridos queria formação durante uma semana, na sua própria aldeia, na época de Verão e em língua marathi.

CAPÍTULO 8

APENDIX

विस्तार शिक्षण विभाग
कृषि महाविद्यालय, लातूर
वसंतराव नाईक मराठवाडा कृषि विद्यापीठ, परभणी.

प्रश्नावली

संशोधनाचा विषय :- डाळिंब किड-रोग नियंत्रणासाठी डाळिंब उत्पादकांना प्रशिक्षणाची   गरज.

संशोधाकाचे नाव :-   पुजारी प्रदीप प्रकाश   नोंदणी क्र.-२०१४A/८०ML

मार्गदर्शकाचे नाव :-   प्रा. डॉ. जे. एम. देशमुख

सहाय्यक प्राध्यापक,

विस्तार शिक्षण विभाग,

कृषि महाविद्यालय, लातूर.

विभाग 'अ'

डाळिंब उत्पादकाचे नाव -

गाव-   तालुका-   जिल्हा-

१.शेतीमधील अनुभव-   -------------------- वर्षे

२.शिक्षण-

अ.क्र.	शिक्षण	गुण
अ.	अशिक्षित	
ब.	फक्त वाचता व लिहता येते.	
क.	प्राथमिक (१ली ते ४थी)	
ड.	माध्यमिक (७वी ते १०वी)	
इ.	उच्चमाध्यमिक (११वी ते १२वी)	
इ.	पदवी/पदव्युत्तर.	

३.जमिनधारणा –

अ.क्र.	विभाग	जमिनधारणा	गुण
१	लहान	२.०० हेक्टर पर्यंत	
२	निम्मा-लहान	२.०१ ते ४.००हेक्टर पर्यंत	
३	मध्यम	४.०१ ते १०.००हेक्टर पर्यंत	
४	मोठा	१०.०१ पेक्षा जास्त	

(महाराष्ट्र राज्य शासन)

४.डाळिंब पिकलागवडीखालील क्षेत्र - -------------------- हेक्टर

79

५.वार्षिक उत्पन्न :-

१.शेती   --------------------

२. शेतीशी निगडीत इतर व्यवसाय   --------------------

३. नोकरी   --------------------

४. इतर व्यवसाय   --------------------

      एकुण उत्पन्न   --------------------

६.सामाजिक सहभाग-

अ.क्र.	वर्गवारी	होय / नाही
१	एकाच संस्थेचे सदस्य	
२	एकापेक्षा जास्त संस्थेचे सदस्य	
३	कार्यालयधारक	
४	विशिष्ट वैशिष्ट्ये	

(सुपे-२००७)

७.विस्तार संपर्क-

अ. क्र.	विस्तार संस्था	जागरूकता		संपर्क		
		होय	नाही	दररोज	कधीतरी	कधीच नाही
१	ग्रामसेवक					
२	ग्राम विस्तार अधिकारी					
३	कृषि अधिकारी					
४	गट विकास अधिकारी					
५	शास्त्रज्ञ					
६	इतर					

(सावंत-१९९१)

८.ज्ञान-

अ.क्र.	खालील विधानाशी आपली सहमती नोंदवा.	सहमत	साधारण सहमत	असहमत
१	प्रशिक्षणामुळे व्यवसाय/उद्योगविषयक आपणास असलेल्या ज्ञानात भर पडते.			
२	प्रशिक्षणातून ज्ञान मिळवल्यामुळे व्यवसाय किंवा धंद्यात यशस्वी होण्याचे प्रमाण वाढते.			
३	प्रशिक्षणामुळे आपणास उद्योग करण्यासाठी उपलब्ध असलेल्या पर्यायी भागाची माहिती मिळते.			

80

अ.क्र.		पूर्णपणे सहमत	सहमत	अनिश्चित	असहमत	पूर्णपणे असहमत
४	प्रशिक्षणामुळे काम करण्याच्याआपल्या कौशल्यात वाढ होते.					
५	प्रशिक्षणामुळे आपल्या उत्पादनातून जास्तीत जास्त फायदा/नफा कसा मिळवावा याचे ज्ञान होते.					
६	प्रशिक्षणामुळे शक्य तितक्या कमी खर्चात व कमी कष्टात उत्पादन कसे घ्यावे याचे ज्ञान मिळते.					

९.आर्थिक प्रेरणा-

अ.क्र.	विधाने	पूर्णपणे सहमत	सहमत	अनिश्चित	असहमत	पूर्णपणेअसहमत
१	शेतकऱ्याने जास्त क्षेत्र आणि अधिक नफा ह्दृष्टीकोन ठेवावा.					
२	शेतीमधून अधिका अधिक नफा मिळवतो तोच यशस्वी शेतकरी होतो.					
३	अधिक आर्थिक लाभ मिळवून देणाऱ्या नवीन तंत्रज्ञानाचा शेतकऱ्याने.					
४	शेतकऱ्याने अन्नधान्य उत्पादना बरोबर इतर गरजांची पूर्तता याहष्टीकोनातून शेती करावी.					
५	शेतकऱ्यांच्या मुलांचा आर्थिक दर्जा उंचावणे आर्थिकस्थैर्याशिवाय शक्य होणार नाही.					
६	केवळ आर्थिक नफ्यानेच					

	शेतकऱ्याला त्याने केलेल्या कामाचे समाधान प्राप्त होतेच असे नाही.					(सुपे-२००७)

१०. जोखीमभिमुखता-

अ.क्र.	विधाने	कौल				
		पूर्णपणे सहमत	सहमत	अनिश्चित	असहमत	पूर्णपणे असहमत
१	शेतकऱ्याने जास्त पीके घ्यावीत, किंवा दोन पीके घेवून होणाऱ्या नुकसानीचा धोका टाळावा.					
२	शेतकऱ्याने साधारणपणे चांगली संधी साधून जास्त नफा मिळवावा व धोका नसलेल्या कमी उत्पन्नातून समाधान मानू नये.					
३	जो शेतकरी साधारण शेतकऱ्यापेक्षा जास्त धोका पत्करण्यास तयार असतो तो आर्थिकदृष्ट्या यशस्वी असतो.					
४	जेव्हा यशस्वी होण्याची शक्यता असते तेव्हा तो धोका पत्करावा.					
५	इतर बहुतांशी शेतकऱ्यांनी यशस्वीपणे नवीन पध्दतीचा वापर केल्यावर शेतकऱ्याने तिचा अवलंब करणे चांगले.					
६	शेतातील अगदी नवीन पध्दतीचा अवलंबक रण्यास जोखीम असते परंतु अशी जोखीम सुध्दा मोलाची असते.					

(सुपे-२००७)

82

अ.क्र.	विधाने	पूर्णपणेसहमत	सहमत	अनिश्चित	असहमत	पूर्णपणेअसहमत
१	बाजार भावाच्या बातम्या शेतकऱ्यांसाठी पाहिजे तितक्या उपयुक्त नाहीत.					
२	शेतकरी आपल्या उत्पादनाची प्रतवारी करून चांगली किंमत मिळवू शकतो.					
३	साठवणुकीसाठी गोदाम असल्यास शेतकऱ्यास चांगली किंमत मिळण्यास मदत होते.					
४	शेतकऱ्याने चांगल्याकिंमतीची अपेक्षा न करता जवळच्या बाजारात उत्पादन विकावे.					
५	शेतकऱ्याने त्याला लागणारी निविष्ठा अशाच दुकानातून खरेदी करावी की तेथून त्याचे आप्तस्वकी यखरेदी करतात.					
६	बाजारात जास्त मागणी असलेल्या पिकाचेच उत्पादन घ्यावे.					

(सामंता-१९७७)

डाळिंब उत्पादकांसाठी प्रशिक्षणाची गरज.

आपणास माहित असलेल्या डाळिंब उत्पादन पद्धतीविषयी खालील प्रश्नांची उत्तरे द्या.

	प्रशिक्षणाचे विषय	अत्यावश्यक	आवश्यक	आवश्यकनाही.
१	पूर्वमशागत-			
अ	नांगरणी.			
ब	वखरणी.			
क	चर खोदणे.			
ड	खड्डे खोदणे.			
२	कंपोस्टखत			
३	जातींची निवड			
अ	रोगप्रतिकार शक्ती			
ब	जास्त उत्पादन देणारी			
क	पाण्याची अप्रतिकुलक्षमता			
४	लागवडीची साधने			
अ	रोगप्रतिकारशक्ती			
ब	जास्तीची उगवणशक्ती			
क	जास्त उत्पादनदेणारी			
५	लागवडीची पद्धत			
अ	चरपद्धती			
ब	खड्डापद्धती			
६	लागवडीचा हंगाम			
अ	जानेवारी			
ब	सप्टे.-आक्टो.			
७	खत व्यवस्थापन			
अ	रासायनिक खताचा वापर			
ब	रासायनिक खतामधील प्रमाण			
क	खत देण्याच्या पद्धती			
ड	खतांच्या मात्रा			
८	पाणी व्यवस्थापन			
अ	ठिबक सिंचन			
ब	चर सिंचन			
क	जोड ओळ पद्धत			
९	अभिवृद्धीचा			

अ	गुटीकलम			
१०	रोग व किड नियंत्रण			
अ	तेल्या			

विभाग 'क'

प्रशिक्षणावेळी डाळिंब उत्पादकांना सूचना-

अ.क्र.	सूचना
१	प्रशिक्षणाचा कालावधी- अ)एक आठवडा ब)दोन आठवडे क)तीन आठवडे ड)एक महिना
२	प्रशिक्षणाचे ठिकाण- अ)स्वतःस्थानिक बाजारात ब)तालुका ठिकाणी क)जिल्हाच्या ठिकाणी ड)कृषिविद्यापीठाच्या ठिकाणी
३	हंगाम आणि प्रशिक्षणाचा कालावधी- अ)खारी पहंगामा दरम्यान सकाळी/संध्याकाळी ब)रब्बी हंगामाद रम्यान सकाळी/संध्याकाळी क)उन्हाळा हंगामा दरम्यान सकाळी/संध्याकाळी

More
Books!

OMNIScriptum

Printed by Books on Demand GmbH, Norderstedt / Germany